Hans-Joachim Berndt

Messen mit dem Smartphone

- BASIC in der Hosentasche -

Eigene Programme auf Android Tablet und Phone

Vorwort

Die Erfassung von Messdaten, sowie die entsprechende Speicherung, Darstellung und Auswertung, setzt meist noch einen PC mit entsprechendem Interface, sowie daran angeschlossene Sensoren bzw. Messwertaufnehmer voraus. Der klassische Windows-PC wird heute immer öfter durch portable Geräte abgelöst. Auch die noch übliche drahtgebundene Datenübertragung kann jetzt ohne Kabel drahtlos über Bluetooth, WLAN, oder andere Wege erfolgen.

Heutige Smartphones und Tablets verfügen über erfreulich viele eingebaute Sensoren oder andere Hardware, die vom Betriebssystem der portablen Geräte bereits unterstützt werden. Für kleine Messaufgaben reichen oft wenige Programmzeilen aus und einer Auswertung steht nichts mehr im Weg.

Dieses Buch verfolgt den Ansatz die faszinierenden Möglichkeiten der Lüfter freien, sparsamen und leisen Hosentaschenrechner durch eigene, möglichst kurze Programme in eigener Regie messtechnisch zu erschließen. Dabei soll auf weitere Hardware, falls möglich, verzichtet werden, so dass der überwiegende Teil dieser Ausführungen auch mobil umsetzbar bleibt.

Hans-Joachim Berndt

www.hjberndt.de

Inhalt

1 Einleitung

Die in diesem Buch gezeigten Beispiele setzten das Betriebssystem Android voraus, welches zurzeit auf portablen Geräten recht weit verbreitet ist. Alle Programmbeispiele sind in BASIC verfasst, da diese Interpreter Sprache kostenfrei erhältlich ist und auf dem mobilen Gerät selber programmiert und ausgeführt werden kann. Weiterhin war die sehr breite Unterstützung der verbauten Hardware ausschlaggebend bei der Wahl der Programmiersprache. Wegen der Unkompliziertheit der Programmierumgebung benutzen einige Beispiele Sprachaus- und auch Eingabe, die der Messwerterfassung eine spielerische Komponente verleihen sollen.

Alle nachfolgenden Kapitel beinhalten willkürlich gewählte, aber messtechnisch naheliegende Beispiele, die dazu anregen sollen, eigene Projekte oder Problemlösungen zu verwirklichen. Die Beispielprogramme bestehen dabei aus möglichst weniger als 26 Zeilen, der vertikalen Textauflösung des benutzten Smartphones in der Standardeinstellung. Bei der Datenübertragung über Bluetooth wird als Gegenstelle zum Smartphone ein PC mit Windows eingesetzt, um zu zeigen, wie beide Systeme miteinander kommunizieren können. Alle anderen Kapitel kommen überwiegend ohne zusätzliche Hardware aus.

Als BASIC kommt rfo-Basic zum Einsatz. Dieser Interpreter läuft auf dem Handy bzw. Tablet unter Android und muss lediglich einmal installiert werden. Rfo-Basic findet man im Google-Play-Store mit der Suche nach „basic". Es wurde von Paul Laughton entwickelt und ist in der Version 01.73 nur 488 kB klein. Es hat den Charme der 80er, aber unterstützt fast alles, was für kleinere und mittlere Projekte benötigt wird. Kurz: Programmentwicklung in der Hosentasche.

Die Internetadresse lautet „http://laughton.com/basic/". Dort findet man die englische Dokumentation, aber auch eine deutsche PDF-Datei. Das rfo-Basic installiert ebenfalls einige Beispiele, die den Einstieg erheblich erleichtern können. Auch besteht die Möglichkeit mit Hilfe dieser Sprache eigenständige App's zu erstellen. Dies und auch die Vermittlung von Programmiertechniken, Programmstrukturen und Sprach-Syntax ist jedoch nicht Gegenstand dieser Ausführungen.

Alle Programme wurden auf der folgenden Hard- und Software-kombination programmiert und getestet:

Smartphone Galaxy Note GT-N7000

Android 4.0.4 (ICS)

Rfo-Basic in der Version 1.7.3

2 EIN- UND AUSGABE

Ein Smartphone oder Tablet bietet vielerlei interessante Komponenten, die entsprechend für Messungen herangezogen werden können. Oft stehen als Sensoren

- Lichtsensor
- Beschleunigungssensor
- Magnetischer Sensor
- Orientierungssensor
- Gyroskop
- Annährungssensor
- Luftdrucksensor

zur Verfügung. Aber auch

- GPS-Empfänger
- Mikrofon
- Kamera
- Bildschirm
- Spracheingabe
- Internet

können für Messaufgaben herangezogen werden.

Wer überhaupt nicht programmieren möchte, aber trotzdem Zugang zu den Sensordaten sucht, könnte mit *„AndroSensor"* eine entsprechende und kostenfreie Applikation im Play-Store finden. Sie gibt aber auch für die eigene Gestaltung der Messwerterfassung einen guten Überblick über die verfügbaren Messaufnehmer im entsprechenden Gerät -, sogar Aufzeichnungen sind damit möglich. Diese Anwendung war der eigentliche Anlass zur Auseinandersetzung mit diesem Thema in der in diesem Buch dargestellten Form.

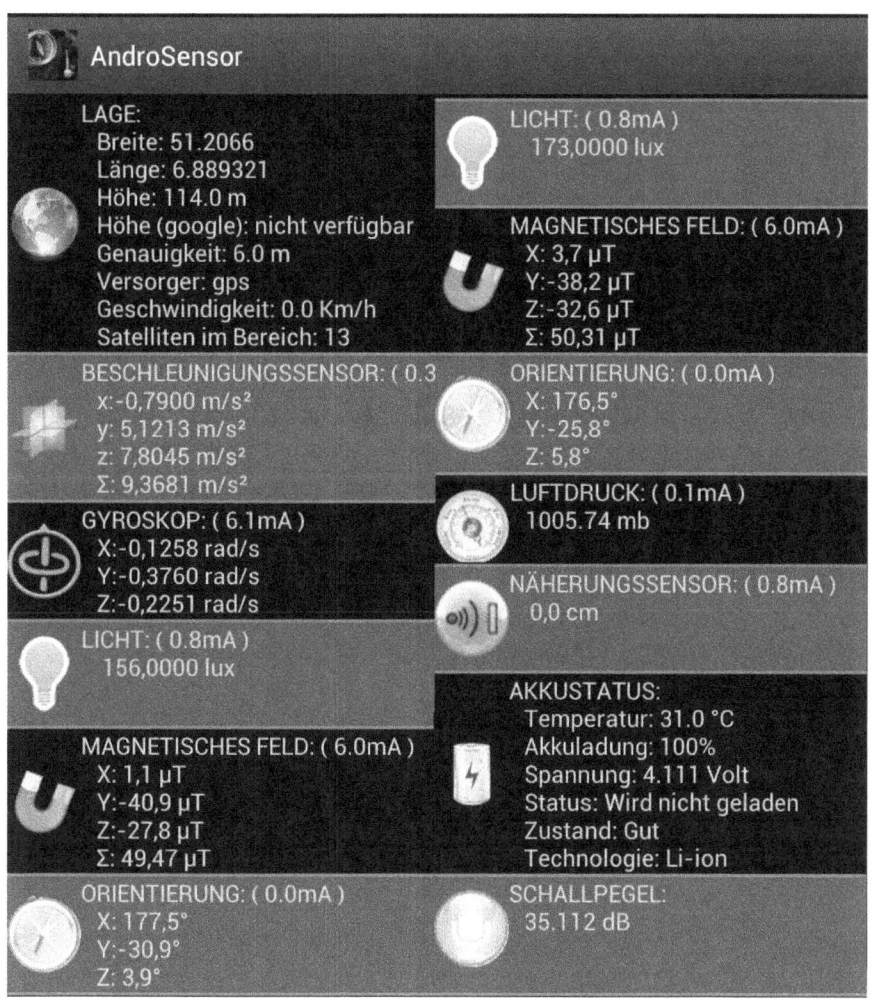

Zur Ausgabe der Messdaten können bei diesem Basic/Android-System sehr verschiedene Wege beschritten werden:

- Text-Bildschirm
- Grafik-Bildschirm
- Sprache
- Töne
- Lokale Datei
- Bluetooth (seriell)
- Internet (HTML/FTP/TPC/IP)

- SMS
- Telefon
- Mail

Um Sprache ausgeben zu können, muss das Android-Gerät über die entsprechenden Sprach-Dateien verfügen. Diese Dateien sind relativ umfangreich und sollten möglichst im WLAN geladen werden. Wer die Sprachausgabe nicht installieren möchte, kann die Ausgaben einfach mit PRINT-Anweisungen auf dem Bildschirm darstellen. Allerdings hat die Sprachausgabe doch einen besonderen Reiz. Möglicherweise wird das Schreiben und Lesen ja bald vollkommen durch Sprechen und Hören ersetzt. Die Spracheinstellungen erreicht man über die Einstellungen. Hinter den Schiebereglern befinden sich weitere Wahlmöglichkeiten.

3 ZEITANSAGE

Das erste Beispiel kommt ganz ohne Sensoren aus, denn Zeitmesser sind immer und überall.

Im vorigen Jahrtausend konnte man das Telefon benutzen, um die genaue Zeit zu erfahren. Unter einer kostenlosen Rufnummer der damaligen Post erklang, entsprechend der Tageszeit, die Zeitansage „Beim nächsten Ton ist es 12 Uhr, 34 Minuten und 10 Sekunden." Wer das nicht glaubt, der suche bei YouTube nach dem Begriff „Zeitansage" und findet vermutlich die Tonband- und die Plattenversion der damaligen elektromechanischen Einrichtungen der Post.

Um eine annähernd ähnliche Zeitansage auf dem Smartphone oder Tablet zu ermöglichen, sind drei wesentliche Funktionen erforderlich:

- Erfragung der aktuellen Uhrzeit
- Sprachausgabe (oder Ersatz)
- Tonausgabe

Rfo-Basic stellt zu diesem Zweck den Aufruf TIME mit 6 Parametern zur Verfügung. Die sechs Zeichenkettenvariablen (Strings) enthalten nach dem Aufruf Ziffern, die die aktuellen Daten zu Jahr, Monat, Tag, Stunde, Minute und Sekunde enthalten.

```
TIME Year$, Month$, Day$, Hour$, Minute$, Se-
cond$
```

Die Sprachausgabe gestaltet sich in rfo-Basic erfreulich einfach. Vor dem ersten Aufruf erfolgt eine Initialisierung und anschließend kann jede beliebige Zeichenkette zur Sprachausgabe geschickt werden. Dabei ist es manchmal sinnvoll der Phonetik durch gezielte Missachtung der Rechtschreibung etwas unter die Arme zu greifen. Ein sehr kurzes Basic-Programm - das berühmte „Hallo Welt" - in der Sprach- bzw. Sprechversion:

```
REM Start of BASIC! Program
TTS.INIT
TTS.SPEAK "Hallo Welt."
```

Das ist alles. Dabei ist die REM-Zeile nur ein Kommentar, der angeben soll, dass hier das Listing beginnt und ist somit eigentlich überflüssig. Voraussetzung ist, dass das Android-Gerät die Sprachausgabe unterstützt und entsprechende Sprach-Dateien installiert sind (siehe oben). Ohne Sprache kann TTS.SPEAK auch durch PRINT ersetzt werden. Die Ausgabe ist dann der Bildschirm und TTS.INIT kann dann natürlich entfallen. Danach folgt noch ein Ton. Rfo-Basic bietet auch hier eine einfache Methode an. Der Aufruf ist TONE und bekommt zwei Parameter, nämlich die Frequenz in Hertz und die Dauer in Millisekunden.

```
TONE 1000,200
```

Hiermit erzeugt man einen Beep von 1 kHz und 0,2 Sekunden Dauer. Der zweite Parameter ist abhängig von der Hardware, so kann das GT-N7000 nur minimale Längen von 186 ms ausgeben. Mit diesen drei Aufrufen und ein wenig Datenmanipulation kann die Zeitansage stattfinden. Die Kurzfassung:

```
REM Start of BASIC! Program
TIME Year$, Month$, Day$, Hour$, Minute$, Se-
cond$
TTS.INIT
TTS.SPEAK "Beim nächsten Ton ist es, "+ Hour$ +
" Uhr. "+ Minute$ +
" Minuten. Und " + Second$ + " Sekunden."
TONE 1000,200
```

Einige Zeilen sind eventuell länger als die Bildschirmbreite und dadurch umgebrochen. Die Punkte in der Zeichenkette sollen die Aussprache dem Original etwas angleichen. Mit einer kleinen Pause und anschließendem Sprung zur Start-Marke wiederholt sich die Zeitansage. Mit der Menütaste bricht die Endlosschleife ab:

```
REM Start of BASIC! Program
Start:
TIME Year$, Month$, Day$, Hour$, Minute$, Se-
cond$
TTS.INIT
TTS.SPEAK "Beim nächsten Ton ist es, "+ Hour$ +
" Uhr. "+ Minute$ +
" Minuten. Und " + Second$ + " Sekunden."
TONE 1000,200
PAUSE 2000
GOTO Start
```

Die Zeitansage ist nicht vollkommen. So liefert die TIME-Funktion einstellige Zahlen mit führender Null, was sich dann anhört wie „Elf Uhr, Null Sieben Minuten und ...“

Auch bei der ersten Minute oder Sekunde klingt es noch recht einfach umgesetzt: „Elf Uhr, ein Minuten und ...“

Mit etwas Maniküre kann Abhilfe geschaffen werden. Hier das Beispiel für die Sekunde:

```
x=VAL(second$)
s$= FORMAT$("##",x)
IF x=0 THEN s$="0"
IF x=1 THEN s$="eine Sekunde. " ELSE s$=s$+"
Sekunden."
```

VAL wandelt die Zeichenkette in eine numerische Variable x, FORMAT formatiert x zurück in eine Zeichenkette, wobei die führende Null verschwindet. Bei „0.0“ für Second$ und x = 0.0 bleibt die formatierte Zeichenkette leer, darum wird manuell eine „0“ zugewiesen. Dann noch der Sonderfall der ersten Sekunde und die Ansage klingt schon besser.

```
REM Start of BASIC! Program
again:
TIME Year$, Month$, Day$, Hour$, Minute$, Se-
cond$
x=VAL(second$)
```

```
s$= FORMAT$("##",x)
IF x=0 THEN s$="0"
IF x=1 THEN s$="eine Sekunde. " ELSE s$=s$+"
Sekunden. "
x=VAL(minute$)
m$= FORMAT$("##",x)
IF x=0 THEN m$="0"
IF x=1 THEN m$=" eine Minute. " ELSE m$=m$+"
Minuten. "
x=VAL(hour$)
h$= FORMAT$("##",x)
IF x=0 THEN h$="0"
h$=h$+" Uhr. "
TTS.INIT
a$="Beim nächsten Ton ist es, " + h$ + m$ + "
und " + s$
TTS.SPEAK a$
TONE 1000,200
PAUSE 5000
GOTO again
```

Auch diese letzte Version der Zeitansage sollte mit der Menütaste
abgebrochen werden. Jetzt wäre noch zu überlegen, wie alle zehn
Sekunden der Beep wirklich zur richtigen Zeit ausgegeben wird.
Möge der geneigte Leser sich austoben.

BASIC! Program Editor - zeitansage.bas

```
again:
TIME hour$, Month$, Day$, Hour$,
Minute$, Second$
x=VAL(second$)
s$= FORMAT$("##",x)
IF x=0 THEN s$="0"
IF x=1 THEN s$="eine Sekunde. "
ELSE s$=s$+" Sekunden. "
x=VAL(minute$)
m$= FORMAT$("##",x)
IF x=0 THEN m$="0"
IF x=1 THEN m$=" eine Minute. "
ELSE m$=m$+" Minuten. "
x=VAL(hour$)
h$= FORMAT$("##",x)
IF x=0 THEN h$="0"
h$=h$+" Uhr. "
TTS.INIT
a$="Beim nächsten Ton ist es, "+
h$+ m$+" und "+s$
PRINT a$
TTS.SPEAK a$
TONE 1000,200
PAUSE 5000
GOTO again
```

4 LUFTDRUCKANSAGE

Das hier verwendete Smartphone verfügt über einen Luftdruck-sensor. Dieser Luftdruck soll ebenfalls, wie vorher die Zeit, sprachlich ausgegeben werden. Zur Feststellung der Verfügbarkeit der entsprechenden Sensoren wird das kurze Listing aus der Dokumentation zum Thema Sensoren aufgerufen. Hier folgt das entsprechende Listing und die resultierende Ausgabe auf dem benutzten GT-N7000.

```
REM Start of BASIC! Program
SENSORS.LIST list$[]
ARRAY.LENGTH size, list$[]
FOR i=1 TO size
 PRINT list$[i]
NEXT i
END
```

Die verfügbaren Sensoren werden als Liste ausgegeben:

Acclerometer, Type = 1

Gyroscope, Type = 4

Pressure, Type = 6

Magnetic Field, Type = 2

Orientation, Type = 3

Light, Type = 5

Proximity, Type = 8

Rotational Vector, Type = 11

Gravity, Type = 9

Linear Accelerator, Type = 10

Für den Luftdruck ist Sensor 6 zuständig. Verfügt die Hardware über keinen Sensor 6, kann auch der Lichtsensor 5 benutzt werden. Er liefert natürlich nicht den umgebenden Luftdruck in mbar bzw. hPa, sondern die Helligkeit in Lux. Genaueres zu den Sensoren in Android-Geräten findet man direkt an der Quelle unter

http://developer.android.com/guide/topics/sensors/sensors_o verview.html.

Ein Sensor wird in rfo-Basic etwa wie eine Datei behandelt. Die übliche Reihenfolge OPEN, READ, CLOSE muss eingehalten werden. Die Sensoraufrufe beginnen alle mit SENSORS.

```
REM Start of BASIC! Program
SENSORS.OPEN 6
SENSORS.READ 6,a,b,c
SENSORS.CLOSE
PRINT a
```

Die Ausgabe dieser vier Zeilen ergibt 1002.3999633789063 hPa, – je nach Luftdruck – oder mit Sensor 5 und strahlender Frühlingssonne hinter der Glasscheibe 134730.0 Lux. Die Sensorabfrage SENSOR.READ bekommt immer drei Rückgabeparameter (hier a, b, c), auch wenn nur ein Wert zurück geliefert wird.

Um eine wiederholte Luftdruckansage zu realisieren, sind noch einige wenige Erweiterungen nötig. Das folgende Beispiel gibt den Luftdruck einfach und ohne Nachkommastellen -, sowie auch mit übertriebener Genauigkeit aus. Dabei enthält die Variable O$ den alten Luftdruck, der dazu benutzt wird, das Wort „unverändert" bei gleichem Messergebnis einzufügen.

```
REM Start of BASIC! Program
O$=""
start:
N$=""
```

```
TTS.INIT
SENSORS.OPEN 6
PAUSE 200
SENSORS.READ 6,a,b,c
PRINT a
SENSORS.CLOSE
IF a<1 THEN END
b=ROUND(a)
A$=format$ ("####",b)
PRINT A$
if O$=A$ then N$ =" unverändert "
TTS.SPEAK "Luftdruck-Ansage."
TTS.SPEAK "Der aktuelle Luftdruck beträgt " +
n$ + a$ +" Hekto-PASKALL."
O$=A$
A$=STR$(a)
TTS.SPEAK "Etwas übertrieben könnnte man auch "
+ A$ + " Millibar oder so, angeben."
PAUSE 30000
GOTO start
END
```

Die Rundung erfolgt mit ROUND -, die Formatierung der Zeichenkette für die Sprachausgabe mit FORMAT. Die Ausgabe über PRINT
dient nur der Kontrolle. STR$ wandelt die numerische Variable a
mit allen Nachkommastellen in eine Zeichenkette um. Nach etwa
einer halben Minute wiederholt sich die Ansage mit aktuellen
Messwerten.

BASIC! Program Editor - luftdruckansage.bas

```
REM Start of BASIC! Program
O$=""
start:
n$=""
TTS.INIT
SENSORS.OPEN 6
PAUSE 20
SENSORS.READ 6,a,b,c
PRINT a
SENSORS.CLOSE
IF a<1 THEN END
b=ROUND(a)
A$=format$ ("####",b)
PRINT a$
IF o$=a$ THEN n$ =" unverändert "
TTS.SPEAK "Luftdruck-Ansage."
TTS.SPEAK "Der aktuelle Luftdruck
beträgt "+n$+a$+" Hekto-PASKALL."
o$=a$
A$=STR$(A)
TTS.SPEAK "Etwas übertrieben könte
man auch "+A$+" Millibar oder so,
angeben."
PAUSE 30000
GOTO start
END
```

5 BESCHLEUNIGUNGSBEEP

Der Beschleunigungssensor liefert Werte für alle drei Richtungen (x, y, z) über die Abfrage READ zurück, Sensor 10 liefert hier die entsprechenden Daten. Da die Beschleunigung eine Geschwindigkeitsänderung ist, beträgt der Messwert bei konstanter Geschwindigkeit, also auch bei Stillstand dem Wert 0. Mit möglichst wenig Programmieraufwand soll die Funktion des Sensors getestet werden. Dazu wird die Beschleunigung als sich in der Höhe ändernder Ton ausgegeben. Dadurch hört man quasi die Trägheit des Messwertgebers und kann damit abschätzen, ob hiermit auch schnelle Vorgänge erfasst werden können.

```
REM Start of BASIC! Program

SENSORS.OPEN 10
PAUSE 200
loop:
SENSORS.READ 10,a,b,c
PRINT b
TONE b*400,190
GOTO loop
END
```

Ausgewertet wird nur der Parameter, der für die horizontale X-Richtung verantwortlich ist, wenn das Gerät flach auf dem Tisch und in Längsrichtung bewegt wird. Der Wert wird mit 400 multipliziert, um die Ausgabefrequenz in den hörbaren Bereich zu bringen. Auch hier dient die PRINT-Anweisung nur der Kontrolle. Diese Messmethode wird durch die Tonausgabe deutlich gebremst (190 ms), aber für erste Ermittlungen erscheint die Methode brauchbar.

BASIC! Program Editor - gbeep.bas

```
REM Start of BASIC! Program
SENSORS.OPEN 10
PAUSE 200
loop:
SENSORS.READ 10,a,b,c
PRINT b
TONE b*400,190
GOTO loop
END
```

6 METALLDETEKTOR

Metalldetektoren sind Geräte, die auf magnetisierbares Material ansprechen. Das hier benutzte Smartphone verfügt über einen geomagnetischen Sensor mit der Nummer 2, der das umgebende magnetische Feld in allen drei Richtungen erfasst. Da das Magnetfeld durch magnetisierbares Material beeinflusst wird, ist es möglich solche Metalle zu detektieren. In folgendem kurzen Test wird nur eine Richtung benutzt. Im ersten Parameter liefert der Sensoraufruf einen Wert, der sich entsprechend erhöht, wenn sich auf der Rückseite des Telefons unterhalb der Kamera ein magnetisierbares Material nähert. Ein einfaches Frühstücks-Messer, oder ein alter Heizkörper sind geeignete Testkandidaten.

Die Änderungen zum vorigen Listing sind einmal die Sensornummer und der Parameter. Aus „10" wird „2" und aus „b" wird „a" und voilà.

```
REM Start of BASIC! Program
SENSORS.OPEN 2
PAUSE 200
WHILE 1
  SENSORS.READ 2,a,b,c
  PRINT a
  TONE a*10,190
REPEAT
ONERROR:
SENSORS.CLOSE
END
```

Unter
http://developer.android.com/guide/topics/sensors/sensors _overview.html
findet man die zugehörige physikalische Einheit des Rückgabewertes. In diesem Fall ist es ohne Umrechnung Mikro-Tesla. Als Anwendung steht dort ein Kompass.

 ✈ 92% 🔋 20:43

 BASIC! Program Editor - magnet.bas

```
SENSORS.OPEN 2
PAUSE 200
WHILE 1
  SENSORS.READ 2,a,b,c
  PRINT a
  TONE a*10,190
REPEAT
ONERROR:
SENSORS.CLOSE
END
```

7 SENSORTESTPROGRAMM

Wenn alle Sensoren unter Android und insbesondere unter rfo-Basic immer drei Parameter aufweisen, drängt sich ein kleines Programm auf, bei dem nur die Sensornummer geändert wird. Um die Rückgabewerte laufend als Zahlenwert zu beobachten ist die sogenannte Konsole des Textbildschirms ungeeignet, da dort nur gescrollt wird. Zur Lösung dieses Problems wird der Grafikbildschirm benutzt. Da aber der Grafiktext immer nur überschreibt, würden die Zahlenwerte sofort unlesbar. Um weiterhin sehr kurze Programme zu erhalten, wird der gesamte Bildschirm zwischen zwei Messwertausgaben gelöscht. Die Berechnung der Zeilen- und Texthöhe wurde dem mitgelieferten GPS-Beispielprogramm entnommen.

```
REM Start of BASIC! Program
test=1
SENSORS.OPEN test
GR.OPEN 255, 0,0,0
GR.ORIENTATION 1
loop:
GR.SCREEN w, h
sp = h/12
pad = 0.25 * sp
x = 20
GR.CLS
GR.TEXT.SIZE sp - 2*pad
GR.COLOR 255,255,255,255,1
SENSORS.READ test,a,b,c
y  = 0*sp + sp - pad
GR.TEXT.DRAW  p, x , y , "a: " + STR$(a)
y  = 1*sp + sp - pad
GR.TEXT.DRAW p, x,y, "b: " + STR$(b)
y  = 2*sp + sp - pad
GR.TEXT.DRAW p, x,y, "c: " + STR$(c)
GR.RENDER
PAUSE 100
```

```
GOTO loop
ONERROR:
SENSORS.CLOSE
```

Die Grafikroutinen beginnen in rfo-Basic immer mit GR. Die Möglichkeiten sind recht umfangreich. Hier soll nur die Textausgabe im Grafikmodus benutzt werden, um (nicht-) laufende Ausgaben in Textform zu erhalten.

Mit GR.OPEN wird hier ein schwarzer Bildschirm erzeugt, mit GR.ORIENTATION wird der Portrait-Modus des Bildschirms erzwungen. Die Tests laufen halt auf einem Handy, wenn auch auf einem Größeren. Über GR.SCREEN erhält man die Breite und die Höhe des Grafikschirms, dann folgen einige Berechnungen zu Schrifthöhe und Zeilenabstand, um den Text an der entsprechenden Stelle zu positionieren. GR.CLS löscht den gesamten Schirm, GR.TEXT.SIZE stellt die Schrifthöhe ein und GR.COLOR die Farbe mit der gezeichnet wird. Anschließend werden die drei Sensordaten ausgelesen und als Grafiktext untereinander mittels GR.TEXT.DRAW gezeichnet. Erst nach dem Aufruf GR.RENDER erfolgt die Darstellung auf dem Schirm. Damit das Listing noch auf eine Smartphone-Seite passt, wurde auf ein END verzichtet.

Wird der Test mit Sensor 9 aufgerufen und das Gerät liegt flach auf der Tischplatte, so erscheint am Ort dieser Niederschrift folgendes Bild:

a: -0.11936505138874054

b: 0.14804615080356598

c: 9.804805755615234

Wie man den Messdaten in m/s² entnehmen kann, wirkt eine merkliche Beschleunigung nur in einer Richtung. Wenn der Rückgabewert von c der Erdbeschleunigung entspricht, da er dem bekannten Literaturwert sehr ähnlich ist, kann aus der Summe der Messdaten geschlossen werden, dass sich der Tisch in relativer Ruhe befindet.

```
test=1
SENSORS.OPEN test
GR.OPEN 255, 0,0,0
GR.ORIENTATION 1
loop:
GR.SCREEN w, h
sp = h/12
pad = 0.25 * sp
x = 20
GR.CLS
GR.TEXT.SIZE sp - 2*pad
GR.COLOR 255,255,255,255,1
SENSORS.READ test,a,b,c
y  = 0*sp + sp - pad
GR.TEXT.DRAW  p, x , y , "a: " +
STR$(a)
y  = 1*sp + sp - pad
GR.TEXT.DRAW p, x,y, "b: " +
STR$(b)
y  = 2*sp + sp - pad
GR.TEXT.DRAW p, x,y, "c: " +
STR$(c)
GR.RENDER
PAUSE 100
GOTO loop
ONERROR:
SENSORS.CLOSE
```

8 SPRACHSTEUERUNG

Sprachausgabe ist eine Sache, Spracheingabe eine andere. Android verfügt über eine Spracherkennung, die ohne Training erstaunlich gut funktioniert. In der hier vorliegenden Betriebssystem-Version kann diese Eingabeform nur bei bestehender Internetverbindung benutzt werden. Ab Jelly-Bean soll es auch Offline-Spracherkennung geben. Damit hat man also erstmals ein Diktiergerät in der Hosentasche, welches ohne Schreibkraft, das gesprochene Wort „zu Papier" bringt.

War es in alten Basic-Programmen die „INPUT"-Anweisung, so kann mit der hier vorliegenden, gängigen Hard- und Softwarekombination die Eingabe über Sprache erfolgen.

In der rfo-Basic-Dokumentation lautet die Überschrift „Speech To Text" und ist wiederum unkompliziert zu benutzen. In dieser Dokumentation ist folgendes Beispiel zu finden, was den Aufruf und den Umgang verdeutlicht. Es soll auch hier nicht verschwiegen werden, dass diese Spracherkennung unter Android über Google-Server läuft.

```
REM Start of BASIC! Program
PRINT "Starting Recognizer"
Stt.listen
Stt.results theList
LIST.SIZE theList, theSize
FOR k =1 to theSize
     LIST.GET theList, k, theText$
     PRINT theText$
NEXT k
END
```

Mit STT.LISTEN erscheint der Dialog zur Spracheingabe und die Aufnahme startet. Bei einer Sprechpause wird die Aufnahme beendet und die Erkennung beginnt. Das Ergebnis erhält man in einer Liste, die mit STT.RESULTS gefüllt wird. Die anschließenden Zeilen geben dann den erkannten Text aus.

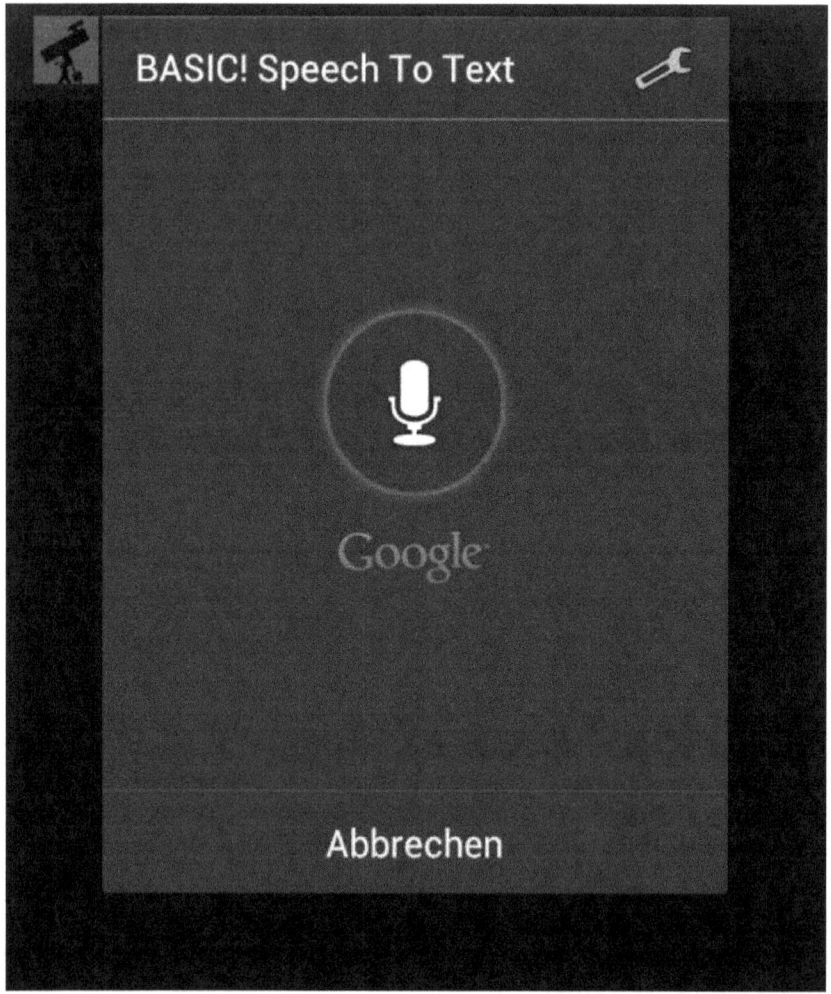

Wird nun nach Start dieses kurzen Programms der Satz „Google hört mit" gesprochen, erhält man Vorschläge, wie man sie aus der Suchmaschine des gleichen Unternehmens kennt. Hier eine Testrückgabe:

Google hört mit
Google Earth mit
Google Search mit
Google search mit
Google Earth mit mir
google hört mit
Google Earth mit dir
google.de hört mit
googel hört mit
Google hört mit mir
Google hört mit dir
Google Search mit mir
Google hört auf mit
Google Search mit dir
Google search mit mir

Bei etwas deutlicherer Sprechweise ist der erste Vorschlag meist der Richtige.

Als kleine Spielerei könnte das Ergebnis nach vorherigem TTS.INIT und durch Ergänzung der PRINT-Anweisung mit TTS.SPEAK wieder vorgelesen werden, - eine Art Google-Papagei. Um nur das erste Ergebnis der Spracherkennung aus der Erkennungs-Liste zu erhalten, reichen weniger Zeilen aus.

```
REM Start of BASIC! Program
STT.LISTEN
STT.RESULTS r
LIST.GET r, 1, E$
PRINT E$
END
```

Mit einer kleinen Erweiterung ist es möglich die Sensorauswahl im Testprogramm des vorigen Kapitels über eine Sprachsteuerung zu realisieren. In der ersten Zeile wird dort die Nummer des zu testenden Sensors fest vorgegeben. Die Anweisung „test = 1" lässt sich durch die Spracherkennung ersetzen.

Also aus

```
test = 1
```

wird

```
STT.LISTEN
STT.RESULT r
LIST.GET r, 1, E$
test = VAL(RIGHT$(E$,2)
```

und bei deutlicher Aussprache von „Sensor fünf" oder „Sensor Nummer Zehn" erkennt Google die Zahl als Ziffer. Der Aufruf VAL wandelt die rechten beiden Zeichen mittels RIGHT$ in die gewünschte numerische Variable um. Mit etwas deutlicher Aussprache klappt das möglicherweise fehlerfrei. Die folgende kleine Sicherung könnte abfragen, ob der Wert der Variablen „test" in etwa stimmt:

```
IF test < 1 THEN END
```

Mit diesen Änderungen läuft der Sensortest einmal ab. Eine Wiederholung des Tests mit einem anderen Sensor könnte wünschenswert sein. Da die Testdauer jedoch nicht fest vorgegeben werden soll, bleibt nur eine Benutzerabfrage. Hier soll durch Berührung des Bildschirms – einem „Touch" – der nächste Sensortest initiieren werden. Der Benutzer erkennt dies durch das Aufpoppen der Spracherkennung.

Der Aufruf für die Bildschirmberührung im Grafikmodus nennt sich GR.TOUCH mit drei Parametern. Nach dem Aufruf zeigt der erste Wert die Bildschirmberührung in Form eines logischen true/false an -, die beiden letzten Werte sind die x- und y-Koordinaten des Bildschirms.

Die folgende Schleife wartet im Grafikmodus, bis man den Schirm berührt.

```
DO
  GR.TOUCH touched, x, y
UNTIL touched
```

Um nun wieder an den Anfang zu springen, muss noch der Text-modus aktiviert-, und die Sensoren geschlossen werden. Mit einem „GOTO start" kann dann eine erneute Spracheingabe erfolgen.

Das umgebaute Sensortestprogramm hier noch mal in seiner Gesamtheit:

```
REM Start of BASIC! Program
start:
STT.LISTEN
STT.RESULTS r
LIST.GET r,1,E$
TEST=VAL(RIGHT$(E$,1))
IF TEST<1 THEN END
PRINT E$,test
SENSORS.OPEN test
GR.OPEN 255, 0,0,0
GR.ORIENTATION 1
DO
 GR.SCREEN w, h
 sp = h/12
 pad = 0.25 * sp
 x = 20
 GR.CLS
 GR.TEXT.SIZE sp - 2*pad
 GR.COLOR 255,255,255,255,1
 SENSORS.READ test,a,b,c
 y  = 0*sp + sp - pad
 GR.TEXT.DRAW  p, x , y , "a: " + STR$(a)
 y  = 1*sp + sp - pad
 GR.TEXT.DRAW  p, x,y, "b: " + STR$(b)
```

```
 y  = 2*sp + sp - pad
 GR.TEXT.DRAW p,  x,y,  "c: " + STR$(c)
 GR.RENDER
 GR.TOUCH touched,x,y
 PAUSE 100
UNTIL touched
GR.CLOSE
SENSORS.CLOSE
GOTO start
ONERROR:
END
```

9 AUDIO-AUFNAHME

Ein Smartphone verfügt über ein Mikrofon. Das macht für ein Telefon ja auch Sinn. Das Aufnehmen von Audiodateien unterstützt rfo-Basic mit AUDIO-Funktionen. Leider wird nur das Handy-Mikro benutzt. Stereo in WAV-Qualität wäre für Messzwecke schon schöner, aber trotzdem kann diese Ausgabe für Messzwecke, zugegeben indirekt, genutzt werden. Da möglicherweise in näherer Zukunft die Schrift durch die Sprache ersetzt werden könnte, so würden Messdaten nicht mehr ausgedruckt oder in Protokolle geschrieben, sondern nur noch gesprochen, also diktiert.

Hier wird ein Diktiergerät oder eine Art Anrufbeantworter nachgebaut: Eine Stimme sagt „Bitte sprechen Sie nach dem Ton!" und nach dem Beep wird während fünf Sekunden eine Audio-Aufnahme aufgezeichnet. Danach spricht das Telefon „Die Aufnahme wurde beendet, sie wird nun abgespielt." Die Audiodaten landen in einer Datei mit der Endung „3gp", ein für mobile Geräte entwickeltes Format. Es lässt sich online oder mit entsprechender Software in eine Wave-Datei umwandeln und könnte dann als akustische Datenquelle dienen. Dieser Weg wird hier jedoch nicht weiter verfolgt. Die Audio-Datei wird im „data"-Verzeichnis von rfo-Basic abgelegt und kann von dort aus weiter geleitet werden.

BASIC! Program Editor - audio.bas

```
REM Start of BASIC! Program
TTS.INIT
TTS.SPEAK "Bitte sprechen Sie nach
dem Ton!"
TONE 1000,200
AUDIO.RECORD.START "test.3gp"
PAUSE 5000
AUDIO.RECORD.STOP
TONE 2000,200
TTS.SPEAK "Die Aufnahme wurde
beendet, sie wird nun abgespielt."
AUDIO.LOAD fp,"test.3gp"
AUDIO.PLAY fp
PAUSE 5000
DO
  PAUSE 100
  AUDIO.ISDONE done
UNTIL done
END
```

10 HELLIGKEITSDIAGRAMM

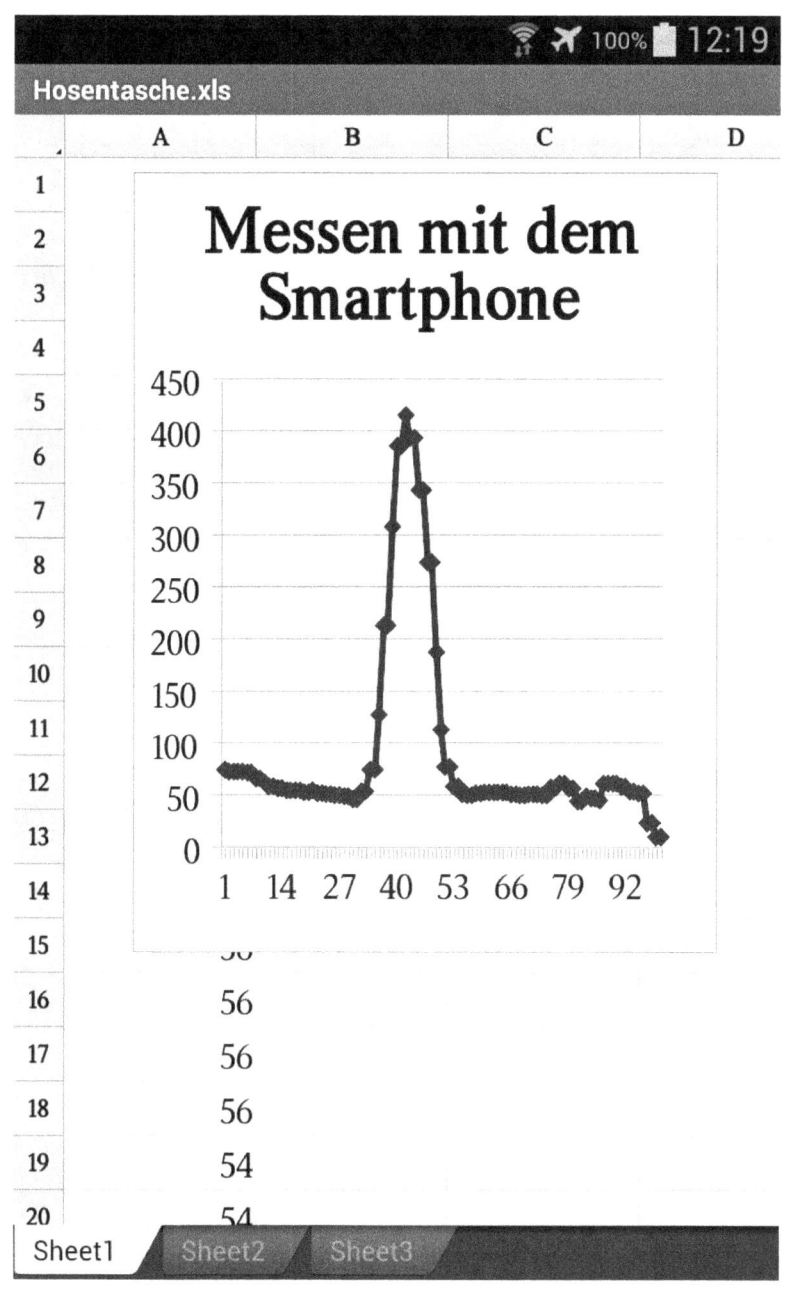

	A	B	C	D
1				
2				
3				
4				
5				
6				
7				
8				
9				
10				
11				
12				
13				
14				
15		ͻ͠		
16		56		
17		56		
18		56		
19		54		
20		54		

Sheet1 Sheet2 Sheet3

Die Sprachausgabe ist gut und bequem, jedoch kann es vorkommen, dass „ernsthafte" Messungen durchgeführt werden sollen. Dabei kann es sinnvoll sein, die Messwerte in einer Datei zu speichern, um sie mit anderer Software darzustellen oder auch auszuwerten.

Am Beispiel des Lichtsensors sollen ca. 100 Messdaten registriert-, und in einer Textdatei abgelegt werden. Im Anschluss erfolgt eine Darstellung der Messdaten in einem Diagramm.

Die Tabellenkalkulation von Polaris-Office 3 kann einfache Diagramme darstellen. Die Daten stammen aus der Zwischenablage. Es ist ein Punkt-Diagramm dargestellt, bei dem die Legende, sowie die X- und Y-Achsentitel noch leer sind. Auf der X-Achse erscheinen in der vorliegenden Version lediglich die fortlaufenden Zahlen 1 bis 100. Möglicherweise befindet sich im Play-Store Software, die auch x-Werte richtig darstellen kann. Dann wäre z.B. eine Zeitachse möglich.

Es werden folgende Funktionen benötigt:

- Sensorfunktionen, Sensor 5
- Dateifunktionen für Textdateien

Neu sind hier die Textdatei-Funktionen, die sich ebenfalls relativ einfach gestalten. Das Beispiel schreibt die Zeile „Hallo Welt" in die Text-Datei „Test.txt", die sich üblicherweise im rfo-Basic-Verzeichnis befindet, also unter „/mnt/sdcard/rfo-basic/data".

```
REM Start of BASIC! Program
TEXT.OPEN w,fp,"Test.txt"
TEXT.WRITELN fp, "Hallo Welt."
TEXT.CLOSE fp
```

TEXT.OPEN öffnet/erzeugt die Text-Datei und die Anweisung TEXT.WRITELN schreibt Text in die Datei und schließt die Zeile mit Wagenrücklauf und Zeilenvorschub ab. Auch Zeichenkettenvariablen können ausgegeben werden.

TEXT.CLOSE schließt die Datei. Die Variable *fp* ist dabei ein File-Pointer (Dateivariable), der beim Öffnen erzeugt wird und bei den folgenden Dateioperationen übergeben werden muss. Das kleine „w" bei TEXT.OPEN bedeutet „write", also Ausgabe. Diese Textdatei kann von jedem Editor und jeder Textverarbeitung gelesen werden.

SENSORDATEN IN TEXT-DATEI

Um die Sensordaten später in eine Tabellenkalkulation zu bekommen, werden sie zunächst in eine Text-Datei geschrieben. Das folgende Listing zeigt für 5 Sekunden an, was gemacht wird und beginnt dann die Messung.

```
REM Start of BASIC! Program
PRINT "Licht-Messung in Datei ..."
PRINT " "
PRINT "Beginn in:    5 Sekunden"
PRINT "Messdauer:   10 Sekunden"
PRINT "Intervall: 0,1 Sekunden"
PRINT "Einheit:      Lux"
PRINT "Messwerte: 100 Messungen"
PRINT "Dateiname: 'Lux.txt'"
PRINT "Dateipfad: '/sdcard/Rfo-Basic/Data'"
Sensor=5
PAUSE 5000

SENSORS.OPEN Sensor
TEXT.OPEN w,fp,"lux.txt"
FOR i= 1 TO 100
  SENSORS.READ Sensor,a,b,c
  PRINT a
  TEXT.WRITELN fp, a
  PAUSE 100
NEXT i
TEXT.CLOSE fp
SENSORS.CLOSE
```

END

Das Sandwich-Prinzip OPEN/CLOSE wird hier für Datei und Sensor noch mal deutlich. Der Datei-Inhalt für die ersten Zeilen könnte, je nach Beleuchtung, so aussehen:

437.0
453.0
457.0
457.0
457.0
457.0
457.0
461.0
461.0
441.0
489.0
...

BASIC! Program Editor - file_sennetz.bas

```
PRINT "Licht-Messung in Datei ..."
PRINT " "
PRINT "Beginn in:    5 Sekunden"
PRINT "Messdauer:   10 Sekunden"
PRINT "Intervall: 0,1 Sekunden"
PRINT "Einheit:         Lux"
PRINT "Messwerte: 100 Messungen"
PRINT "Dateiname: 'Lux.txt'
PRINT "Dateipfad: '/sdcard/Rfo-
Basic/Data'"

Sensor=5
PAUSE 5000
SENSORS.OPEN Sensor
TEXT.OPEN w,fp,"lux.txt"
FOR i= 1 TO 100
  SENSORS.READ Sensor,a,b,c
  PRINT a
  TEXT.WRITELN fp, a
  PAUSE 100
NEXT i
TEXT.CLOSE fp
SENSORS.CLOSE
END
```

Mit Hilfe eines Datei-Managers kann die Datei gefunden -, und mit einem einfachen Text-Editor angezeigt werden. Wie vom Desktop-PC gewohnt markiert man die Textzeilen und kopiert sie anschlie-ßend in die Zwischenablage, um sie mit der entsprechenden

Office-Suite weiter zu bearbeiten. Die folgende Abbildung zeigt die kostenfreie Software „Total Commander", die bei einigen Windows-Anwendern nicht ganz unbekannt ist und unter Android gute Dienste leistet.

In Excel auf einem Windows-PC könnte mit einem Punkt-XY-
Diagramm folgende Darstellung erfolgen:

SENSORDATEN IN DIE ZWISCHENABLAGE

Der Zwischenschritt über den Texteditor soll zeigen, dass die Daten auch wirklich gespeichert werden und so bei Bedarf für eine
Weiterbearbeitung zur Verfügung stehen. Das rfo-Basic bietet jedoch eine Möglichkeit direkt Daten in die Zwischenablage zu kopieren.

```
REM Start of BASIC! Program
CLIPBOARD.PUT "Hallo Welt."
```

Diese Zeile schreibt die bekannten Worte in die Zwischenablage.
Um diesen Aufruf dem vorigen Listing hinzuzufügen, muss der zu
schreibende Inhalt der Zwischenablage während der Messung „ge-
baut" werden. Die Zeichenkette S$ kommt hier ins Spiel. Diese Va-

riable wird im Prinzip wie die Textdatei aufgebaut. Mit S$=""" ist die Zeichenkette zunächst leer und wird mit jedem Messdurchlauf mit dem Messwert verlängert. Zusätzlich werden noch die Zeichen 13 und 10 (CR/LF) angehängt, so wie das bei WRITELN in der Datei geschieht.

Am Ende der Messung erfolgt der einfache Aufruf CLIPBOARD.PUT S$ und voilà, alles steht in der Zwischenablage. Nun müssen die Daten nur noch in ein Spreadsheet eingefügt werden, um ein Diagramm zu erstellen.

```
PRINT "Licht-Messung in Datei ..."
PRINT "und in die Zwischenablage."
PRINT "Beginn in:    5 Sekunden"
PRINT "Messdauer:   10 Sekunden"
PRINT "Intervall: 0,1 Sekunden"
PRINT "Einheit:       Lux"
PRINT "Messwerte: 100 Messungen"
PRINT "Dateiname:  'Lux.txt'"
PRINT "Dateipfad:  '/sdcard/Rfo-Basic/Data'"
Sensor=5
PAUSE 5000

S$=""
SENSORS.OPEN Sensor
TEXT.OPEN w,fp,"lux.txt"
FOR i= 1 TO 100
 SENSORS.READ Sensor,a,b,c
 PRINT a
 s$=s$+STR$(a)+CHR$(13)+CHR$(10)
 TEXT.WRITELN fp, a
 PAUSE 100
NEXT i
TEXT.CLOSE fp
SENSORS.CLOSE
CLIPBOARD.PUT s$
END
```

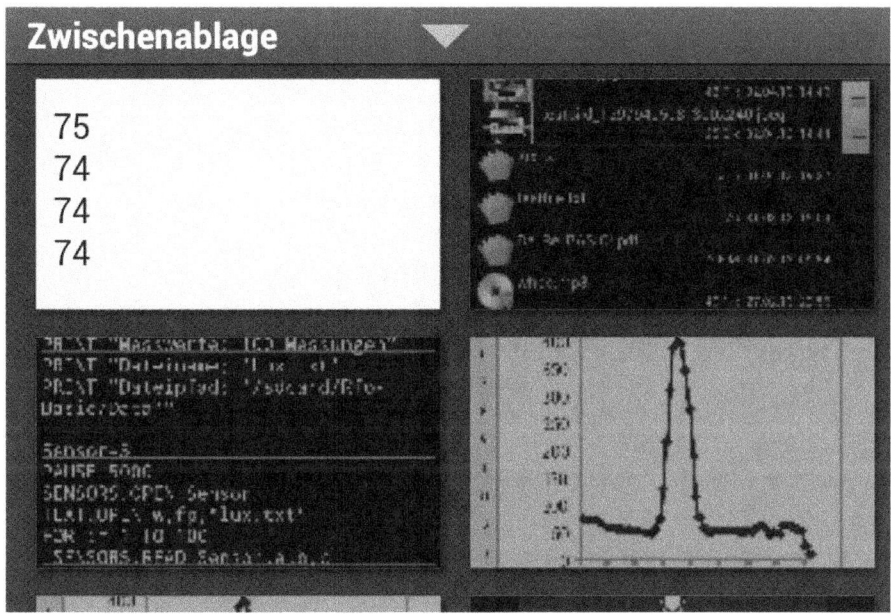

Im rfo-Basic-Editor erscheint bei längerem Druck auf den Bildschirm neben der Möglichkeit des Einfügens auch noch eine Übersicht über die verschiedenen Inhalte, die nur dann zugänglich sind, wenn sie kompatibel zum Ziel sind. Hier ist nur der Text zugänglich und einfügbar, die anderen Inhalte sind Screenshots und sind dunkel dargestellt.

HELLIGKEITS-ZEIT-DIAGRAMM

Um zeitabhängige Vorgänge zu erfassen und messtechnisch darzustellen, ist es erforderlich den Messzeitpunkt mit zu erfassen. Dabei entstehen zweispaltige Messtabellen mit Zeitangaben in der ersten Spalte, um sie später als y-t-Diagramm anzuzeigen. Die folgende Variante der Helligkeitsmessung legt die beiden Messwerte in einer Text-Datei ab, wobei die Trennung der beiden Werte mit einem Tabulator-Zeichen (CHR$ 9) erfolgt. Als Zeitgeber wird der „Ticker" im Smartphone herangezogen, dessen Wert in Millisekunden nach dem letzten Boot unter rfo-Basic mit CLOCK() erreichbar ist. Die Variable t0 erhält den Ticker-Wert zu Beginn der Messung,

damit dieser Anfangswert bei jeder Messzeit subtrahiert werden
kann, um so die gewünschte Messdauer zu erhalten.

```
PRINT "Licht-Messung in Datei ..."
PRINT " "
PRINT "Beginn in:    5 Sekunden"
PRINT "Messdauer:   10 Sekunden"
PRINT "Intervall: 0,1 Sekunden"
PRINT "Einheit:       Lux"
PRINT "Messwerte: 100 Messungen"
PRINT "Dateiname: 'LuxZeit.txt'"
PRINT "Dateipfad: '/sdcard/Rfo-Basic/Data'"
Sensor=5
PAUSE 5000
SENSORS.OPEN Sensor
TEXT.OPEN w,fp,"LuxZeit.txt"
t0=CLOCK()
FOR i= 1 TO 100
 SENSORS.READ Sensor,a,b,c
 t=CLOCK()-t0
 s$=STR$(t/1000)+CHR$(9)+STR$(a)
 s$=REPLACE$(S$,".",",")
 PRINT s$
 TEXT.WRITELN fp, s$
 PAUSE 100
NEXT i
TEXT.CLOSE fp
SENSORS.CLOSE
END
```

Die Datei erhält den Namen „LuxZeit.txt" und befindet sich wieder
im „data"-Verzeichnis. In der Messschleife wird nun zuerst der
Sensorwert ermittelt und sofort danach der Messzeitpunkt über
die Rechnung t = CLOCK() - t_0 bestimmt. Die Zeichenkette S$ soll
die Messdaten in für andere Programme lesbarem Textformat enthalten und wird entsprechend zusammen gesetzt. Zunächst die
Zeit in Sekunden, das Tabulatorzeichen und am Ende einer Zeile

der eigentliche Messwert des Sensors. Anschließend folgt der Aufruf:

```
s$=REPLACE$(S$,".",",")
```

Soll die Messreihe möglicherweise unter Windows und Excel ausgewertet oder dargestellt werden, gibt es üblicherweise Probleme beim Datenimport über reine Textdateien, wenn der Dezimalpunkt verwendet wird. Aus diesem Grund folgt hier ein REPLACE, welches einen Punkt mit einem Komma ersetzt. Diese geänderte Zeichenkette erscheint nun in der Datei und zur Überwachung auch auf dem Textbildschirm, der in der vorliegenden Basic-Version offensichtlich den Tabulator nicht berücksichtigt.

BASIC! Program Editor - file_sentim.bas

```
PRINT "Licht-Messung in Datei ..."
PRINT " "
PRINT "Beginn in:    5 Sekunden"
PRINT "Messdauer:   10 Sekunden"
PRINT "Intervall: 0,1 Sekunden"
PRINT "Einheit:         Lux"
PRINT "Messwerte: 100 Messungen"
PRINT "Dateiname: 'LuxZeit.txt'
PRINT "Dateipfad: '/sdcard/Rfo-
Basic/Data'"
Sensor=5
PAUSE 5000
SENSORS.OPEN Sensor
TEXT.OPEN w,fp,"LuxZeit.txt"
t0=CLOCK()
FOR i= 1 TO 100
  SENSORS.READ Sensor,a,b,c
  t=CLOCK()-t0
  s$=STR$(t/1000)+CHR$(9)+STR$(a)
  s$=REPLACE$(S$,".",",")
  PRINT s$
  TEXT.WRITELN fp, s$
  PAUSE 100
NEXT i
TEXT.CLOSE fp
SENSORS.CLOSE
END
```

11 GPS-ABFRAGE

Satellitengestützte Navigation und Standortbestimmung ist mit dem GPS-System möglich. Viele Smartphones besitzen entsprechende Empfänger, manche können sogar noch weitere Satellitensysteme empfangen. Im Play-Store findet man dazu die verschiedensten Programme. Eine gute Übersicht - auch über manche Sensoren – stellt die App „GPS-Status" dar.

Auf einen Blick sieht man einen großen Kompass mit hinterlegter Wasserwaage, Satelliten nach Art und Position, eine Art Feldstärkeanzeige für den Empfang, sowie die Zahl der verfügbaren und fixierten Satelliten und eine Ortungstoleranz von hier 8 m. Im unteren Teil stehen die Angaben zur Orientierungslage, Magnetfeld, Beschleunigung, Geschwindigkeit via GPS, Höhe via GPS und natürlich Längen- und Breitengrad. Zum Schluss noch der Batteriestatus und die Helligkeit.

Der GPS-Empfänger unter Android ist kein Sensor und wird unter rfo-Basic mit einer eigenen Funktionssammlung bedient: GPS. Alle Abfragen sind eingebettet zwischen GPS.OPEN und GPS.CLOSE. Zur Verfügung stehen die folgenden Abfragen (allerdings nur bei ausreichendem GPS-Empfang): Anbieter, Genauigkeit, Breiten- und Längengrad, Höhe, Peilung, Geschwindigkeit und Zeit. Das mitgelieferte Beispiel „f15_gps.bas" zeigt die wichtigsten GPS-Daten auf einem Grafikbildschirm, um eine stehende Textanzeige mit sich ändernden Werten zu erreichen. Ein PRINT AT gibt es offensichtlich für den Text-Modus nicht. Für eine erste Statusabfrage reicht aber auch der Textbildschirm.

```
REM Start of BASIC! Program
GPS.OPEN
GPS.PROVIDER a$
IF a$<>"" THEN
 GPS.ACCURACY ac
 GPS.LATITUDE la
 GPS.LONGITUDE lo
 GPS.ALTITUDE al
 GPS.SPEED sp
 PRINT "Genauigkeit      in m:   ";ac
 PRINT "Breitengrad      in °:   ";la
 PRINT "Längengrad       in °:   ";lo
 PRINT "Höhenangabe      in m:   ";al
 PRINT "Geschwindigkeit in m/s:";sp
ELSE
 PRINT "Kein GPS"
ENDIF
```

 BASIC! Program Editor - gps.bas

```
REM Start of BASIC! Program
GPS.OPEN
GPS.PROVIDER a$
IF a$<>"" THEN
 GPS.ACCURACY ac
 GPS.LATITUDE la
 GPS.LONGITUDE lo
 GPS.ALTITUDE al
 GPS.BEARING be
 GPS.SPEED sp
 PRINT "Genauigkeit    in m:   ";ac
 PRINT "Breitengrad    in °:   ";la
 PRINT "Längengrad     in °:   ";lo
 PRINT "Höhenangabe    in m:   ";al
 PRINT "Geschwindigkeit in m/s:";sp
ELSE
 PRINT "Kein GPS"
ENDIF
```

12   DATEN AUS DEM INTERNET

Im Internet findet man so manche Information, die als Messwert aufgefasst werden kann. Für solche Zwecke stellt rfo-Basic verschiedene Routinen bereit, wobei hier nur sehr kurze Beispiele folgen sollen.

ANZEIGEN EINER INTERNETSEITE

Zunächst besteht die einfache Möglichkeit eine Internetseite auf dem Schirm darzustellen. Das kann auch jeder Browser, aber hier kann man zum Beispiel festlegen, wie lange die Seite angezeigt werden soll.

```
REM Start of BASIC! Program
HTML.OPEN 1
HTML.LOAD.URL "http://hjberndt.de/index.html"
PAUSE 5000
HTML.CLOSE
```

Die obigen Zeilen erlauben einen 5-Sekunden-Blick auf „die wichtigste Internetseite der Welt". Die Beschreibung im "De_Re_Basic.pdf " erläutert noch viele weitere Möglichkeiten. In diesem Zusammenhang sei insbesondere auf das mitgelieferte Beispiel „f37_html_demo" hingewiesen, und als Lektüre empfohlen.

Oftmals enthalten Internetseiten Daten, die im HTML-Text eingebettet sind. Mit GRABURL hat man in rfo-Basic die Möglichkeit eine ganze HTML-Seite als Quelltext in eine Zeichenkettenvariable zu laden. Anschließend kann die Zeichenkette nach den gewünschten Informationen mit den üblichen String-Funktionen in Basic untersucht werden.

DER LETZTE STAU

Unter *http://www.stau.info* findet man laufende Staumeldungen im HTML-Format. Das folgende Listing sucht die Uhrzeit der letzten aktuellen Meldung.

So sah die Seite auf einem PC im Browser aus.

```
REM Start of BASIC! Program
GRABURL a$,"http://www.stau.info/"
I=IS_IN("Meldung vom:",a$)
E=IS_in("</span>",a$)
PRINT MID$ (a$,i,e-i)
```

Mit GRABURL wird die Variable A\$ mit dem kompletten Seiten-quelltext gefüllt. IS_IN liefert die Position einer Zeichenkombination im Seitenquelltext. Zwischen Position I und E steht das gesuchte Datum, welches mit MID\$ als Teilzeichenkette zur Anzeige gebracht wird.

Die Bildschirmausgabe in Basic: Meldung vom: 01.04.2013, 20:44 Uhr.

 BASIC! Program Editor - grab.bas

```
REM Start of BASIC! Program
GRABURL a$,"http://www.stau.info/"
PRINT MID$(a$,i,e-i)
I=IS_IN("Meldung vom:",a$)
E=IS_in("</span>",a$)
print mid$ (a$,i,e-i)
```

DER LETZTE KRIMI

Internetseiten ändern ständig ihren Aufbau, wodurch es möglich ist, dass einige Beispiele nicht mehr funktionieren. Darum ein zweites Beispiel bei dem eine Audio-Datei mit GRABURL und den Zeichenkettenfunktionen ermittelt werden soll. Das Beispiel lässt sich möglicherweise für den eigenen Bedarf entsprechend modifizieren. Auf der Internetseite „wdr5.de" kann man einen Ausschnitt des „Krimi am Samstag" nach- oder vor hören. Der eingebettete Flashplayer funktioniert hier auf dem Smartphone nur in einem von fünf Browsern. Betrachtet man den Quelltext der Seite, so erkennt man die mp3-Datei in der Nähe des Players. Diese Datei hat in ihrem Namen ein Datum, wodurch die Gültigkeitsdauer vermutlich, wie bei solchen Seiten üblich, nur eine Woche beträgt. Also muss die „nächste" Seite mit relativ statischer URL gefunden werden. Für Krimis ist das die Unterseite *„hoerspiele-krimis"*. Auf dieser Seite gibt zum Zeitpunkt dieses Tests eine Überschrift „Krimi am Samstag". Der Link des Bildes darunter führt zur Seite mit dem Hörspielausschnitt der Sendung. Im Quelltext findet man an dieser Stelle etwa *„<h2>Krimi am Samstag</h2><a href="* und danach Teile des Links zur gesuchten Seite.

Der erste Teil des Beispiels besteht also daraus, die gesamte Seite in eine Zeichenkette zu laden, dann die entsprechende Stelle in der Nähe des Links zu finden und die Zieladresse selber zusammen zu bauen. Die erste Ausgabe auf dem Textbildschirm sollte dieses Ergebnis sein. Anschließend wiederholt sich quasi dieser Vorgang mit der Zielseite.

Auf dieser Seite ist der Flashplayer das Ziel. Im Fadenkreuz steht nun die Zeichenkette *„flashplayer_skin.cfg&dslSrc="*, denn nach dem Gleichheitszeichen steht die komplette Adresse der gesuchten Datei. Die Endung *„mp3"* wird hier als rote Laterne genutzt. Die zweite Ausgabe auf dem Textbildschirm sollte diese Adresse sein. Und nun? Für spätere Verwendung wird das mühsam erhaltene Ziel erst einmal in die Zwischenablage kopiert, um es gegebenenfalls von einem anderen Programm aus aufzurufen. Man

könnte zum Beispiel den Browser benutzen, diese Datei zu strea-
men. Aber rfo-Basic bietet eine einfachere Methode, die die Zwischenablage überflüssig macht. Mit BROWSE wird die Datei einfach aufgerufen, als würde sie im Browser angeklickt. Es erscheint
die gewohnte Auswahl, oder das voreingestellte Programm wird
aufgerufen, um die Datei „zu verarbeiten".

Zunächst erscheint eine Auswahl, die alle Programme zeigt, die mit
Internetdateien (HTML) umgehen können. Drückt man „Internet",
also den Standardbrowser unter ICS, so kommt erneut eine Auswahl und unter „Androidsystem" folgt die obige Liste mit Playern,
je nach installierter Software, die mit „mp3" etwas anfangen können. Nun die Details zum Programm.

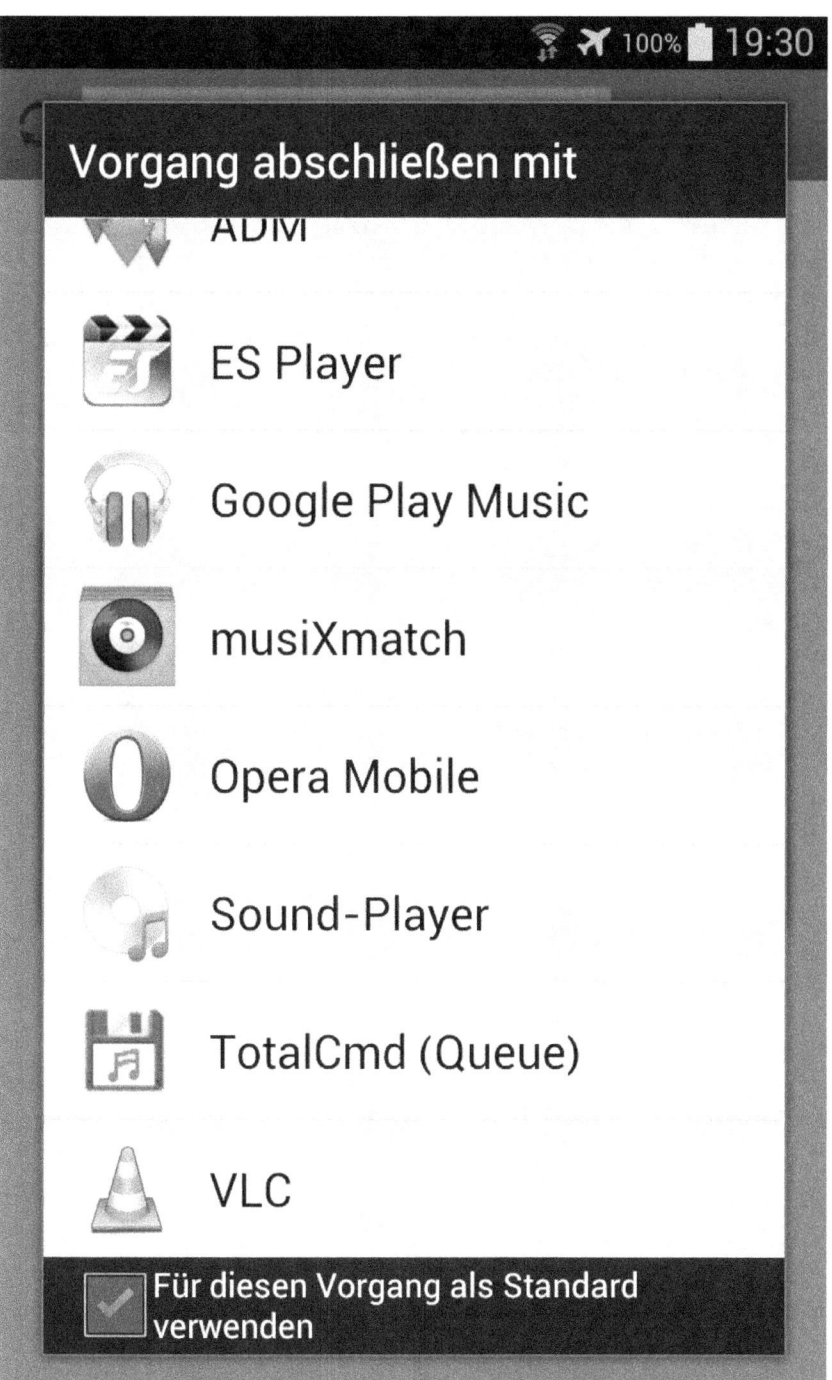

```
U$="http://www.wdr5.de"
GRABURL a$,u$+"/hoerspiele-krimis.html"
```

A\$ enthält den gesamten Seitenquelltext (HTML), der sich mit
PRINT A\$ auch unterwegs angezeigt lässt. Allerdings sind solche
Untersuchungen an einem Laptop doch noch etwas komfortabler
als an einem Smartphone. Es ist besser die HTML-Variante dieser
Seite am oberen Bildschirmrand einzustellen. Es folgt nun die Suche nach der Adresse der nächsten Seite, die den eigentlichen Link
auf die Audio-Datei enthält.

```
S$="<h2>Krimi am Samstag</h2><a href="
x=IS_IN(S$,a$)+LEN(S$)+1
a$=MID$(a$,x,1e4)
x=IS_IN("html",a$)-1
s$=u$+LEFT$(A$,x)+"html"
PRINT s$
```

Die Variable x enthält zunächst die Anfangsposition der gesuchten
Adresse. Mit MID\$ wird alles, was sich vor dieser Position befindet
abgeschnitten, um anschließend die Position von „html" zu finden
und die Adresse in S\$ neu zusammen zu setzen. PRINT zeigt das
Ergebnis zur Kontrolle. Der Vorgang wiederholt sich nun für das
nächste Ziel mit anderer Suchzeichenkette und anderer Datei-
Endung.

```
GRABURL a$,S$
S$="flashplayer_skin.cfg&amp;dslSrc="
x=IS_IN(S$,a$)+LEN(S$)
a$=MID$(a$,x,1e4)
x=IS_IN("mp3",a$)-1
s$=LEFT$(A$,x)+"mp3"
PRINT s$
PRINT "... in die Zwischenablage"
CLIPBOARD.PUT s$
PRINT "... wird ausgeführt."
BROWSE s$
END
```

 BASIC! Program Editor - grabkrimi.bas

```
REM Start of BASIC! Program
U$="http://www.wdr5.de"
GRABURL a$,u$+"/hoerspiele-krimis.
html"
S$="<h2>Krimi am Samstag</h2><a
href="
x=IS_IN(S$,a$)+LEN(S$)+1
a$=MID$(a$,x,1e4)
x=IS_IN("html",a$)-1
s$=u$+LEFT$(A$,x)+"html"
PRINT s$
GRABURL a$,S$
S$="flashplayer_skin.cfg&amp;
dslSrc="
x=IS_IN(S$,a$)+LEN(S$)
a$=MID$(a$,x,1e4)
x=IS_IN("mp3",a$)-1
s$=LEFT$(A$,x)+"mp3"
PRINT s$
PRINT "... in die Zwischenablage"
CLIPBOARD.PUT s$
PRINT "... wird ausgeführt."
BROWSE s$
END
```

Der letzte Podcast

Es gibt sehr wenige deutschsprachige Podcasts zum Thema Android. Einen gibt es dann aber doch und darum soll das letzte Beispiel die letzte Folge des *„AndCast"* zu Gehör bringen. Vermutlich funktioniert dieser Link am zuverlässigsten. Da die gesuchte Datei auch nicht „über sieben Ecken" gesucht werden muss, ist das Programm recht kurz:

```
REM Start of BASIC! Program
U$="http://andcast.thenetcasts.com"
GRABURL a$,u$+"/"
S$="Ogg vorbis</a> / <a href="
x=IS_IN(S$,a$)+LEN(S$)+1
a$=MID$(a$,x,1e4)
x=IS_IN("mp3",a$)-1
s$=LEFT$(A$,x)+"mp3"
BROWSE s$
END
```

Danke Ryo! Immer wieder interessant.

Internet-Zeit über TCP/IP

Im Internet gibt es Zeitgeber, die man über TCP/IP erreichen kann. Eine Übersicht verfügbarer Server und deren IP-Adressen findet man unter http://tf.nist.gov/tf-cgi/servers.cgi, wie im entsprechenden Beispiel von Paul Laughton auch angegeben. Das Beispiel, welches den Einsatz der SOCKET.CLIENT-Aufrufe verdeutlicht, wurde übernommen und lediglich eine zur Test Zeit funktionierende IP eingesetzt.

```
SOCKET.CLIENT.CONNECT "12.10.191.251",13
maxclock = CLOCK() + 10000
DO
 SOCKET.CLIENT.READ.READY flag
```

```
 IF CLOCK() > maxclock
  PRINT "Read time out"
  END
 ENDIF
UNTIL flag
SOCKET.CLIENT.READ.LINE line$
PRINT line$
SOCKET.CLIENT.READ.LINE line$
PRINT line$
SOCKET.CLIENT.CLOSE
END
```

Wem Sockets nicht ganz unbekannte sind, erschließen sich die Zeilen vermutlich ohne Probleme. Ansonsten erklärt das „Handbuch" zum Basic die einzelnen Aufrufe genauer. Interessant ist vielleicht noch der Aufruf CLOCK, der wohl dem üblichen „Zeit-Ticker" am PC entspricht, also die Millisekunden seit Einschalten des Rechners bzw. Smartphones zählt. Die Ausgabe des Listings „sockettime.bas" bei diesem Zeit-Server hat etwa folgendes Format:

56390 JJ-MM-DD-18:25:59 50 0 0

647.7 UTC(NIST) *

 BASIC! Program Editor - sockettime.bas

```
SOCKET.CLIENT.CONNECT
"12.10.191.251",13
maxclock = CLOCK() + 10000
DO
  SOCKET.CLIENT.READ.READY flag
  IF CLOCK() > maxclock
    PRINT "Read time out"
    END
  ENDIF
UNTIL flag
SOCKET.CLIENT.READ.LINE line$
PRINT line$
SOCKET.CLIENT.READ.LINE line$
PRINT line$
SOCKET.CLIENT.CLOSE
END
```

FTP-ZUGRIFF

Institute und Universitäten betreiben oft FTP-Server, um größere Dateien über das Netz zu übertragen. Auch Änderungen eigener Internetseiten sind über einen FTP-Zugang möglich. In rfo-Basic stehen dafür eine Handvoll Befehle zur Verfügung, die es ermöglichen als FTP-Client entsprechende Aktionen durchzuführen. Unter den mitgelieferten Beispielen im Verzeichnis „Sample_Programms" ist eine umfangreiche FTP-Anwendung zu finden. Um mit möglichst wenig Aufwand eine Dateiübertragung zu testen, soll hier lediglich eine Textdatei übertragen werden.

Unter „*ftp.laughton.com*" wird ein Server für das hier benutzte rfo-Basic betrieben. Auf einem Desktop-PC könnte der Aufruf in einem FTP-tauglichen Browser wie folgt aufgerufen werden:

ftp://basic:basic@ftp.laughton.com/

Hiermit meldet man sich als Benutzer „basic" mit dem Passwort „basic" bei ftp.laughton.com an. Je nach Browser sollte eine Verzeichnisstruktur erscheinen. Auf dem Smartphone funktioniert das ebenso, allerdings auch hier nicht mit jedem Browser. Mit „Chrome" klappt der Aufruf und es wird etwa folgende Ausgabe dargestellt:

Index von /

Name	Größe	Änderungsdatum
.ftpquota	13 B	5/26/12 12:00:00 AM
.htaccess	57 B	6/20/12 12:00:00 AM
apks/		4/7/13 3:47:00 PM
applications/		4/3/13 9:19:00 AM
beta-test/		12/23/12 12:52:00 PM
documentation/		6/28/12 12:00:00 AM
games/		4/21/13 7:16:00 AM
html/		6/21/12 12:00:00 AM
other/		2/17/13 2:15:00 PM
readme_BrokenLink-Error.txt	159 B	6/20/12 12:00:00 AM
readme_Uploading.txt	225 B	6/20/12 12:00:00 AM
tools/		4/12/13 1:02:00 PM
utilities/		4/17/13 3:54:00 PM

Ziel ist es die Textdatei „readme_Uploading.txt" mit 225 Bytes Länge mit einem eigenen Programm auf das Smartphone zu übertragen. Dazu sind nur drei Aufrufe erforderlich. In bekannter Sandwich-Manier erfolgt der Aufruf der Datei in der entsprechenden Syntax:

```
FTP.OPEN „ftp.laughton.com", „basic", „basic"
FTP.GET „readme_Uploading.txt", „ftp.txt"
FTP.CLOSE
```

OPEN bekommt die Parameter Adresse, Benutzername und Passwort. Mit GET erfolgt die Dateiübertragung mit der Angabe von Quell- und Zieldatei. Am Ende schließt CLOSE den Vorgang ab und trennt die Verbindung. Die Datei befindet sich nun mit dem Namen „ftp.txt" im „data"-Verzeichnis unter rfo-Basic auf dem Smartphone und kann mit Texteditoren angezeigt werden. Alternativ erfolgt die Kontrolle gleich auf dem Basic-Ausgabeschirm.

```
TEXT.OPEN r, fp, „ftp.txt"
DO
     TEXT.READLN fp,A$
     PRINT A$
UNTIL A$="EOF"
```

Mit diesen Zeilen erfolgt die Darstellung des Dateiinhalts mit den Textdatei-Funktionen unter Zuhilfenahme des Beispiels zu TEXT.READLN in der Dokumentation „De_Re_BASIC!.pdf". Der Inhalt der Textdatei ist ein englischer Text und besagt lediglich, dass man bitte keine Dateien in das Wurzelverzeichnis hochladen soll.

Mit Benutzername und Passwort können so beliebige Dateien ausgetauscht werden. Zum Hochladen wird dann FTP.PUT eingesetzt. Auf diese Art ist es, bei vorhandenem FTP-Zugang, auch mit einem eigenen kleinen Programm möglich Messdateien zu übertragen.

 BASIC! Program Editor - ftp.bas

```
REM Start of BASIC! Program
FTP.OPEN "ftp.laughton.
com",21,"basic","basic"
FTP.GET "readme_Uploading.txt",
"ftp.txt"
FTP.CLOSE

TEXT.OPEN r, fp,"ftp.txt"
DO
 TEXT.READLN fp,a$
 PRINT a$
UNTIL a$="EOF"
```

13 MESSEN MIT DER KAMERA

Auch die eingebaute Kamera des Smartphones ist unter rfo-Basic ansprechbar. Ein ausführliches Beispiel „f33_camera.bas" befindet sich im Verzeichnis *„rfo-basic\source\Sample_Programs"*..

Es demonstriert die verschiedenen GR.CAMERA-Aufrufe. GR bedeutet, dass diese Aufrufe den Grafik-Modus erwarten und darum wird im Beispielprogramm auch zunächst ein schwarzer Grafikschirm voreingestellt.

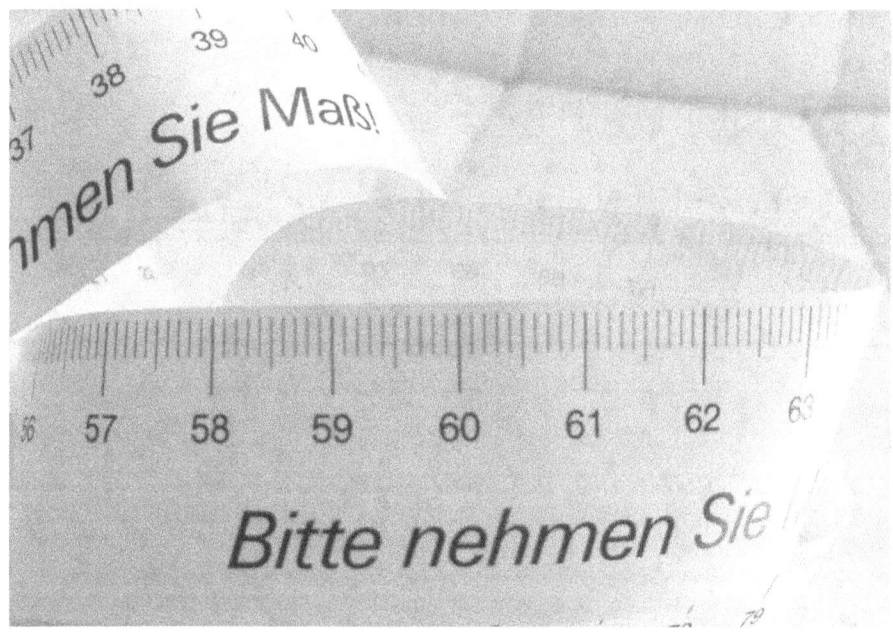

Das folgende Beispiel ist eine verkürzte Version der Vorlage. Um die Kamera als Messgerät zu benutzen, werden die Pixel eines Bildes ausgewertet. Die Bildpunkte des Fotos oder des Grafikschirms bzw. des Bitmaps bestehen unter Android aus vier Komponenten. Es sind dies die drei Farben Rot, Grün, Blau (RGB) und ein Alpha-Wert für die Transparenz. Alle vier Komponenten haben einen Wertebereich von 0 bis 255, also ein Byte. Die Intensität einer Farbe kann also 0 (dunkel) bis 255 (maximale Intensität) sein. Weiß entspricht der maximalen Intensität aller drei Farben, sind alle Farbwerte 0, entspricht dies Schwarz. Somit kann ein Bild in einem Bitmap inhaltlich untersucht werden.

Das verkürzte Programm:

```
REM Start of BASIC! Program
GR.OPEN 255, 0, 0, 0
GR.ORIENTATION 1
TONE 1000,200
GR.CAMERA.AUTOSHOOT bm_ptr, 2
TONE 500,200
GR.GET.BMPIXEL bm_ptr,x,y,a,r,g,b
GR.BITMAP.SIZE bm_ptr, bw,bh
GR.BITMAP.DELETE bm_ptr
PRINT bw, bh
PRINT r,g,b
END
```

Mit GR.OPEN wird ein nichttransparenter (255) Grafikmodus eingeschaltet mit allen Grundfarben auf 0; ein schwarzer Bildschirm. Der zentrale Aufruf GR.CAMERA.AUTOSHOOT ist eingebettet in zwei Beep-Töne, da die Aufnahme etwas Zeit benötigt und dadurch klar wird, wann und wie lange die Kamera aktiv ist. Die Aufnahme wird in ein Bitmap geschrieben, welches durch die Variable bm_ptr (Bitmap-Pointer) angesprochen wird.

Mit GR.GET.BMPIXEL erhält man die Farbinformationen des Pixels an der Stelle x und y, also hier oben links. GR.BITMAP.SIZE erfragt Breite und Höhe des Bitmaps und danach erfolgen nur noch Aufräumarbeiten. Nach Beendigung des Programms wird automatisch der Textmodus aktiviert und die PRINT-Ergebnisse sind sichtbar. Je nach Motiv ergeben sich die folgenden Messdaten:

816.0 612.0
241.0 239.0 242.0

Demnach wäre das Bitmap 816 x 612 groß. Das Pixel in der oberen linken Ecke hätte somit die RGB-Werte 241, 239, 245 - ein relativ heller Bildpunkt mit einer winzigen Überhöhung des Blauanteils.

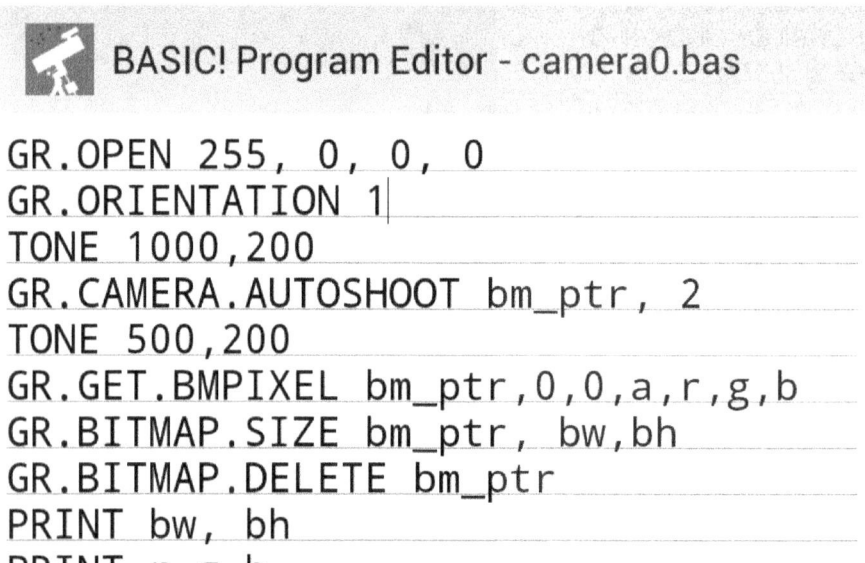

```
GR.OPEN 255, 0, 0, 0
GR.ORIENTATION 1|
TONE 1000,200
GR.CAMERA.AUTOSHOOT bm_ptr, 2
TONE 500,200
GR.GET.BMPIXEL bm_ptr,0,0,a,r,g,b
GR.BITMAP.SIZE bm_ptr, bw,bh
GR.BITMAP.DELETE bm_ptr
PRINT bw, bh
PRINT r,g,b
END
```

Wenn das alles richtig ist, sollte es möglich sein eine ganze Bildzeile auszulesen. Die Helligkeitswerte der obersten Bildschirmzeile (y = 0) sollen als Intensitätsgraph in Polaris-Office erscheinen. Um nur den Grauwert zu erhalten, erfolgt eine Mittelwertberechnung aus den drei RGB-Werten. Die einzelnen Mittelwerte werden dann an eine Zeichenkette gehängt und mit einem Zeilenvorschub versehen, genau wie bei den Lichtsensordaten weiter oben. Auf die Erstellung einer Text-Datei wird verzichtet.

```
REM Start of BASIC! Program
GR.OPEN 255, 0, 0, 0
GR.ORIENTATION 1
TONE 1000,200
GR.CAMERA.AUTOSHOOT bm_ptr, 2
TONE 500,200
GR.BITMAP.SIZE bm_ptr, bw,bh
S$=""
FOR X=0 TO bw-1
    GR.GET.BMPIXEL bm_ptr,X,0,a,r,g,b
    S$=S$+STR$((r+g+b)/3)+CHR$(13)+CHR$(10)
NEXT X
GR.BITMAP.DELETE bm_ptr
CLIPBOARD.PUT S$
PRINT bw, bh
PRINT r,g,b
END
```

So war es gedacht, die Zwischenablage enthält die korrekten Daten, aber Polaris-Office 3 hat vermutlich Probleme mit der Menge der Daten – es wird nicht alles eingefügt. Möglicherweise gibt es inzwischen ein Update oder andere Software, die das schafft. Um trotzdem ein Ergebnis zu zeigen wird doch noch der PC zu Hilfe genommen. Die Daten werden wieder in eine Text-Datei gespeichert und dann über Editor und Zwischenablage in Excel eingefügt. Im Texteditor kann dann noch – falls nötig - durch Suchen/Ersetzen der Punkt durch ein Komma ersetzt werden.

```
REM Start of BASIC! Program
GR.OPEN 255, 0, 0, 0
GR.ORIENTATION 1 % Landscape
TONE 1000,200
GR.CAMERA.AUTOSHOOT bm_ptr, 2
TONE 500,200
GR.BITMAP.SIZE bm_ptr, bw,bh
TEXT.OPEN w,fp,"bildzeile.txt"
FOR x=0 TO bw-1
 GR.GET.BMPIXEL bm_ptr,x,0,a,r,g,b
```

```
TEXT.WRITELN fp,x,((r+g+b)/3.0)
NEXT x
GR.BITMAP.DELETE bm_ptr
TEXT.CLOSE fp
END
```

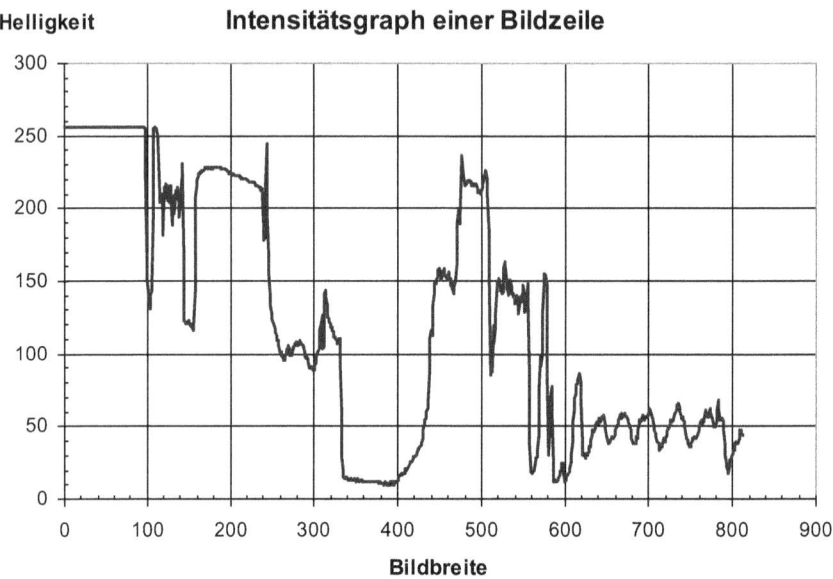

Die Auswertung der Bilddaten erfordert nicht notwendigerweise eine Darstellung, so dass ein Ergebnis durchaus auch ohne PC möglich ist.

BILDANALYSE

Falls das Foto schon vorliegt, oder unterwegs die Auswertung nicht möglich ist, kann durch Änderung nur einer Zeile ein vorhandenes Bild analysiert werden. Ein Testbild, bekannt vom Fernsehen, diente schon immer dazu die Übertragungsqualität zu testen. Im unteren Bereich befinden sich Schwarz-Weiß-Balken mit zunehmender Enge – technisch und analog betrachtet – steigender Frequenz.

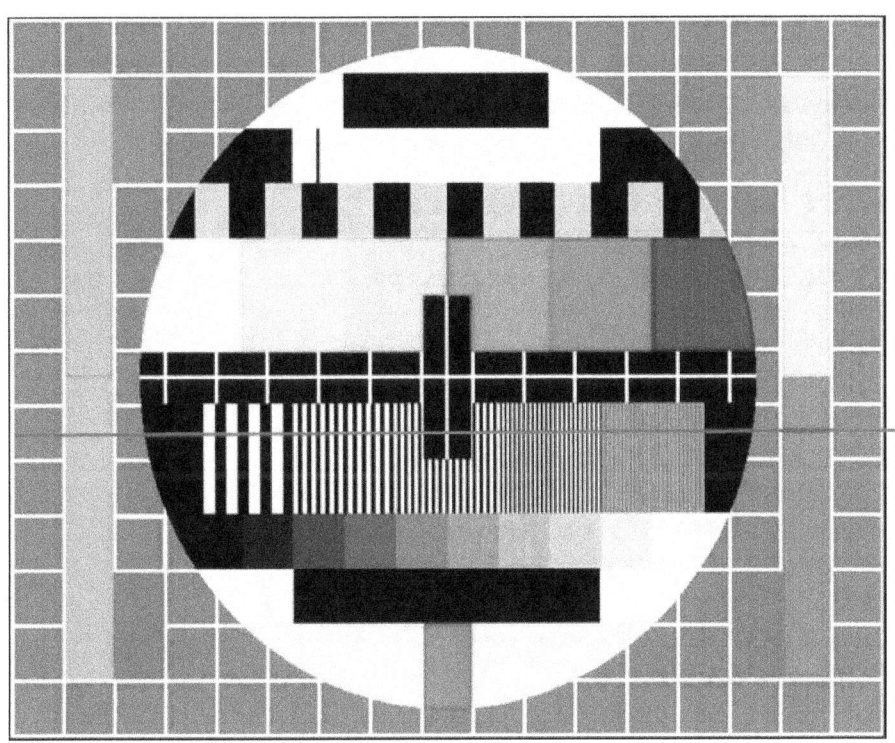

Helligkeit   **Testbildzeile**

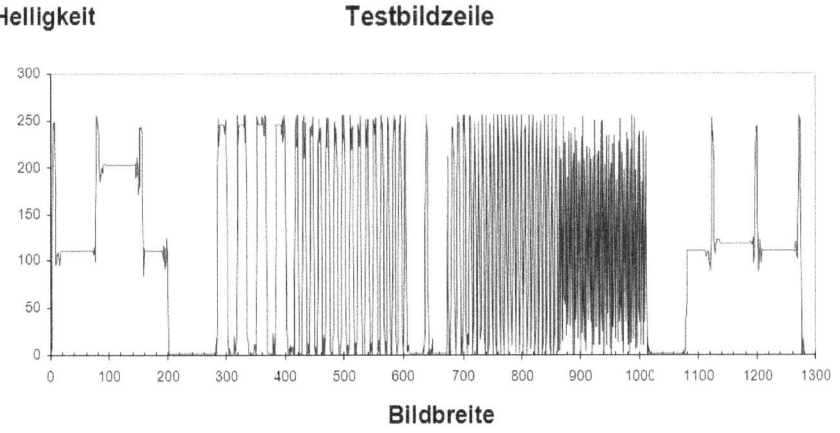

Bildbreite

Die rote Linie ist etwa die Scan-Zeile, die im Helligkeitsdiagramm dargestellt ist.

Man kann die Komprimierungs-Artefakte erkennen. Durch Austausch von GR.CAMERA.AUTOSHOOT mit GR.BITMAP.LOAD ist die Quelle anstatt der Kamera eine Bilddatei. Die Datei „testbild.jpg" liegt dabei im "data"-Verzeichnis von rfo-Basic.

```
REM Start of BASIC! Program
GR.OPEN 255, 0, 0, 0
GR.ORIENTATION 1 % Landscape
TONE 1000,200
GR.BITMAP.LOAD bm_ptr, "testbild.jpg"
TONE 500,200
GR.BITMAP.SIZE bm_ptr, bw,bh
TEXT.OPEN w,fp,"bildzeile.txt"
FOR x=0 TO bw-1
 GR.GET.BMPIXEL bm_ptr,x,0,a,r,g,b
 TEXT.WRITELN fp,x,((r+g+b)/3.0)
NEXT x
GR.BITMAP.DELETE bm_ptr
TEXT.CLOSE fp
END
```

KAMERA-SCANNER

Das bisher benutzte AutoShoot der Kamera ist schnell und läuft – wie der Name sagt – automatisch ab. Ist die Messsituation noch unklar, wäre es hilfreich die „normale" Kamera-Applikation zu benutzen, um selber den Aufnahmemodus, den Blitz und andere Einstellungen vornehmen zu können. Außerdem ist ein Bild im Sucher auch recht hilfreich. Mit GR.CAMERA.SHOOT ist dies unter rfo-Basic möglich. Damit ist es dann möglich gezielt Bildschirmbereiche zu registrieren, um sie anschließend zu analysieren.

```
GR.OPEN 255,0,0,0
GR.ORIENTATION 0
GR.SCREEN w,h
TONE 1000,200
GR.CAMERA.SHOOT bptr
```

```
TONE 500,200
GR.BITMAP.SIZE bptr,bw,bh
GR.COLOR 255,255,255,255,1
f=w/bw
FOR x=0 TO bw-1
 GR.GET.BMPIXEL bptr,x,bh/2,a,r,g,b
 sw=(r+g+b)/3/255
 y=h/2-sw*h-1
 IF x=0 THEN oy=y
 GR.LINE gr,x*f,h/2+y,ox*f,h/2+oy
 ox=x
 oy=y
NEXT x
GR.RENDER
DO
 GR.TOUCH touched,x,y
UNTIL touched
GR.BITMAP.DELETE bptr
PRINT x,y
END
```

Hier die wesentlichen Änderungen: Mit GR.CAMERA.SHOOT wird ein verfügbares Kameraprogramm aufgerufen. Es erfolgt eventuell eine Aufforderung das Bild zu speichern oder zu löschen. Bei Speicherung wird die Datei „picture.png" in das „data"-Verzeichnis von rfo-Basic geschrieben und die Kontrolle an Basic zurück gegeben. Der Faktor f = w/bw berücksichtigt die unterschiedliche Breite von Bitmap und Bildschirm. Mit dem Aufruf

GR.GET.BMPIXEL bptr,x,bh/2,a,r,g,b

wird in der Schleife eine Zeile der Bildmitte (bh/2) farbtechnisch untersucht, der Mittelwert der drei Farben bestimmt und eine entsprechende Linie von x,y nach ox,oy gezogen. Dabei sind die x-Werte entsprechend dem Faktor f gestreckt oder gestaucht.

GR.LINE gr,x*f,h/2+y,ox*f,h/2+oy

Sind alle x-Werte durchlaufen, erfolgt die Darstellung bis der Bildschirm berührt wurde.

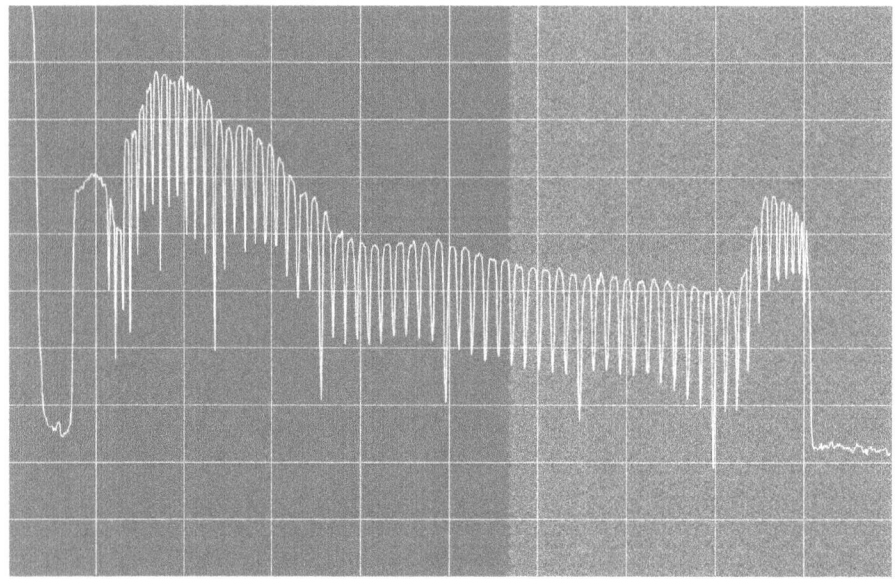

Hier eine Aufnahme des Maßbandes, wie es zu Beginn dieses Kapitels abgebildet ist. Die Millimetereinteilung ist deutlich zu erkennen und auch die Zentimeter-Marken sind klar herausgestellt. Der insgesamt geschwungene Verlauf ist auf den Helligkeitspegel des Bandes zurück zu führen. Im letzten Kapitel kann man sehen, wie das Bildschirm-Raster eingebaut wird und trotzdem das Programm noch quasi auf eine Bildschirmseite passt.

14 BILDSCHIRM-EINGABE: TOUCH

Bildschirme auf mobilen Geräten sind heute nicht nur Ausgabemedium, sondern durch entsprechende Berührung auch als Eingabegerät zu benutzen. In den vorigen Abschnitten mit Grafikausgaben kam der Aufruf GR.TOUCH bereits zur Anwendung, um eine Benutzeraktion abzufragen. Die Rückgabeparameter x und y dieses Aufrufs liefern die Position der Berührung und stehen somit als Eingabewerte zur Verfügung. Ein Beispiel wäre eine gezielte Untersuchung einer Bildschirmkoordinate eines Fotos. Der Aufruf GR.TOUCH2 erlaubt es unter diesem Basic zwei Bildschirmberührungen gleichzeitig zu erfassen, also Multitouch.

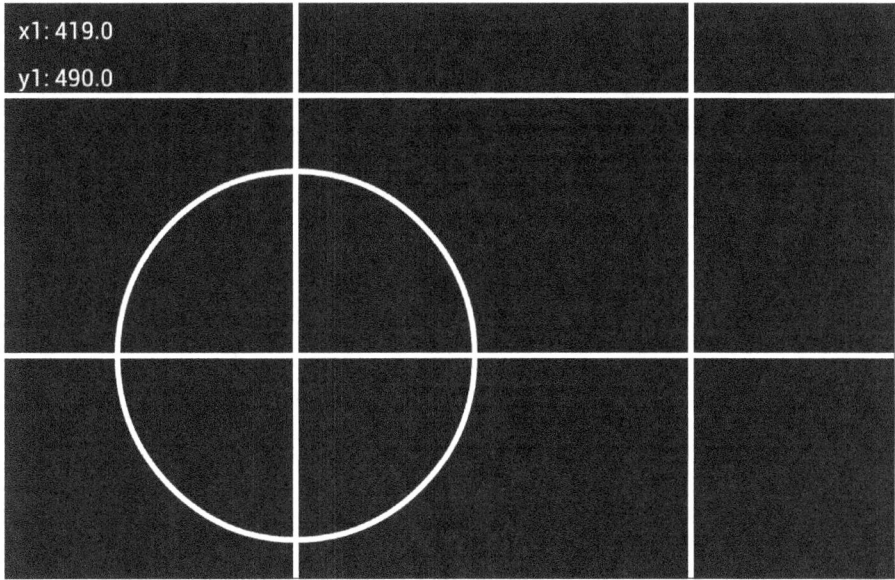

Ein Fadenkreuz mit der Position von TOUCH und ein weiteres Kreuz für TOUCH2, welches nur erscheint, wenn es wirklich zwei Berührungen gibt. Die Koordinatenangaben beziehen sich auf das Fadenkreuz

```
GR.OPEN 255, 0,0,100
DO
```

```
GR.SCREEN w, h
sp = h/12
pad = 0.25 * sp
x = 20
GR.CLS
GR.COLOR 255,255,255,255,1
GR.SET.STROKE 8
GR.TEXT.SIZE sp - 2*pad
y  = 0*sp + sp - pad
GR.TEXT.DRAW p,x,y,"x1: " + STR$(x1)
y  = 1*sp + sp - pad
GR.TEXT.DRAW p,x,y,"y1: " + STR$(y1)
GR.TOUCH  touched ,x1,y1
GR.TOUCH2 touched2,x2,y2
GR.COLOR 255,255,255,255,0
GR.LINE glx1, 0,y1,w-1,y1
GR.LINE gly1, x1,0,x1,h-1
GR.CIRCLE gc, x1,y1,w/5
IF touched2
  GR.LINE glx2, 0,y2,w-1,y2
  GR.LINE gly2, x2,0,x2,h-1
ENDIF
GR.RENDER
UNTIL 0
```

Es soll nicht verschwiegen werden, dass eine solche Programmier-
technik (Polling) nicht sehr stromsparend ist. Bei der hier ver-
wendeten Hardware war eine CPU-Last von 50% zu verzeichnen,
was im mobilen Betrieb eine kurze Akkulaufzeit garantiert. Schon
durch eine kleine PAUSE wird die Last verringert, macht aber die
Eingabe auch etwas ruckig. Möglicherweise ist eine Timer-Steu-
erung hier die elegantere Methode. Auch das Ereignis ONTOUCH
wird in der Dokumentation genannt und in entsprechenden mitgelieferten Beispielen demonstriert.

15 BLUETOOTH-MESSDATENÜBERTRAGUNG

Bluetooth ist bekannt von Headsets zum Telefonieren oder zur Musikübertragung von und zu portablen Geräten. Auch andere Peripherie wie Tastatur und Maus kann mit dieser Verbindungsart drahtlos genutzt werden. Die Übertragung von Dateien via Bluetooth wird vom Betriebssystem des Smartphones bereits unterstützt.

Hier sollen jedoch einzelne Messdaten vom Smartphone zu einem PC drahtlos via Bluetooth übertragen werden. Beide Seiten müssen über einen entsprechenden Adapter verfügen, was bei aktuellen Smartphones eher normal ist. Auch viele neuere PC besitzen solche Adapter oder lassen sich mit einem USB-Dongle nachrüsten.

BLUETOOTH ALS COM2

Eine nicht ganz so bekannte Eigenschaft von Bluetooth ist die Möglichkeit der seriellen Datenübertragung nach dem bekannten RS232-Protokoll. Um dies zu zeigen, wird zunächst (hier an einem Netbook mit Windows 7 - andere Konfigurationen sind natürlich möglich) Bluetooth aktiviert. Dabei wird der „Geräte-Manager" beobachtet.

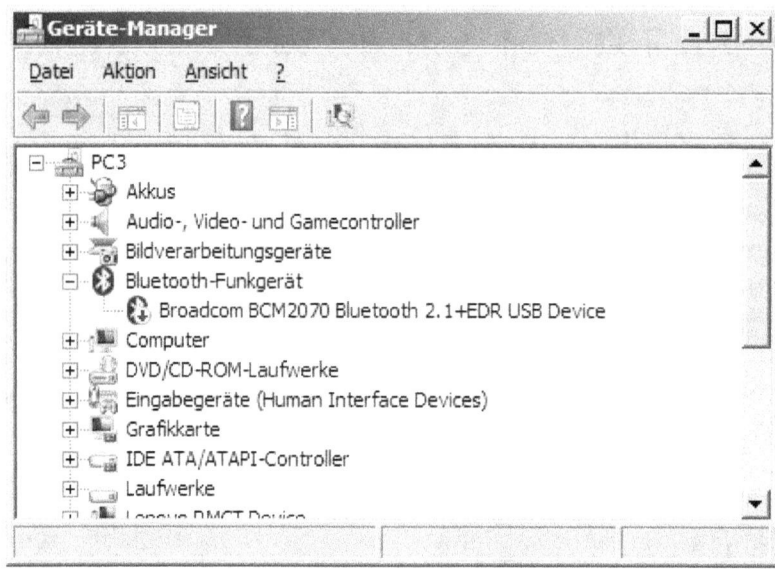

Gerätemanager ohne eingeschaltetem Bluetoothadapter. (Systemsteuerung\ Alle Systemsteuerungselemente\ System → Geräte-Manager). Wenn der Adapter aktiviert wird, erscheinen nach einer Weile im oberen Bereich weitere Verbindungen.

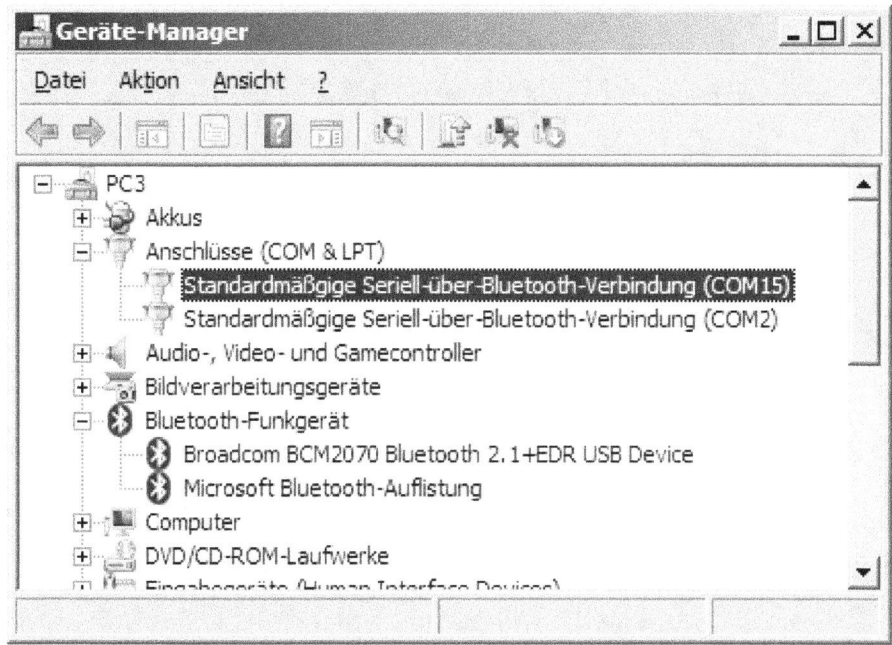

Die neuen Verbindungen verbergen sich hinter „Anschlüsse (COM
& LPT)" und nennen sich „Standardmäßige Seriell-über-Bluetooth-
Verbindung (COMn), wobei ‚n' unterschiedliche Werte annehmen
kann. Mit der rechten Maustaste erreicht man die „Eigenschaften"
mit dem Reiter „Anschlusseinstellungen". Dort sieht man die üblichen RS232-Parameter.

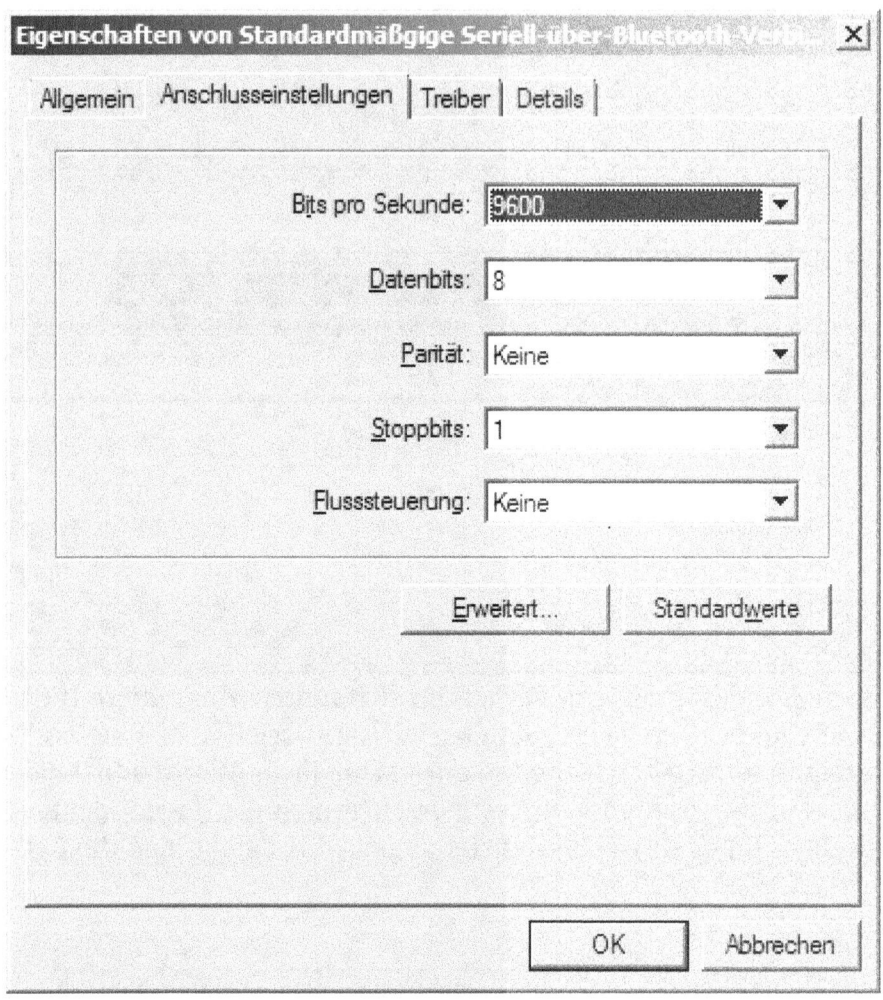

Über die Schaltfläche „Erweitert" lassen sich die Schnittstellen-nummern einstellen. Hier war COM2 noch frei und wurde nun für die Bluetooth-Verbindung reserviert. Diese Einstellungen können in anderen Betriebssystemen an anderer Stelle erfolgen.

Bis Windows-XP war das Programm Hyperterminal mitgelieferte Standardsoftware. Heute muss man im Netz danach suchen, es funktioniert jedoch ohne Probleme zumindest hier auf dem 32Bit-Win7-System. Ein solches Programm aus alten Tagen beherrscht die serielle Kommunikation über RS232-Schnittstellen und diente auch zur telefonischen Einwahl ins Internet bzw. dessen Vorläufer, die sogenannten „Mailboxen". Vielleicht läuft noch ein XP-Rechner in der Nähe und man kann die folgen Dateien noch finden: hyperttrm.exe, hypertrm.dll, htrn_jis.dll, hticons.dll. Die EXE-Datei funktioniert mit diesen drei DLL's im Verzeichnis ohne Installation. Nach dem Aufruf muss ein Name vergeben werden und nach der Bestätigung mit „OK" wird die Anschlussauswahl gezeigt.

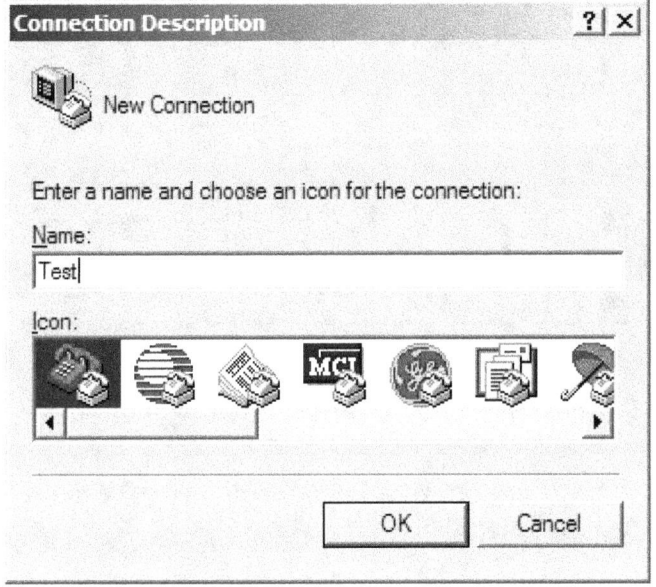

Das Smartphone soll hier über die Bluetooth-Verbindung COM2 angesprochen werden.

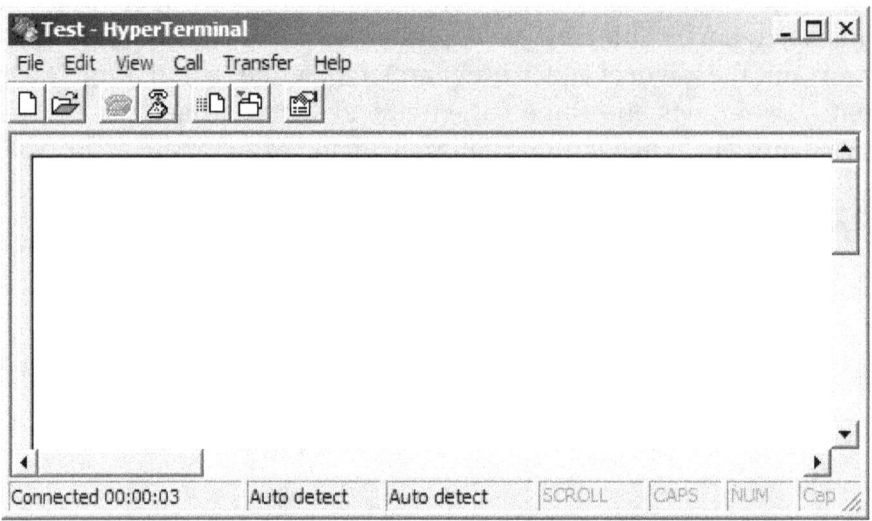

Die eine Seite der Verbindung – hier ein Windows-Netbook – ist nun verbunden, wie man aus der Statuszeile entnehmen kann.

BLUETOOTH AM SMARTPHONE

Die Möglichkeit der serielle Datenübertragung mit dem alten RS232-Protokoll vermutet man in einem aktuellen Smartphone nicht sofort. Mit rfo-Basic gibt es ein Werkzeug, welches es ermöglicht diese Verbindungsart auch zur Datenübertragung für eigene Zwecke zu benutzen.

Der Autor Peter Laughton erleichtert den Zugang durch ein ausführliches mitgeliefertes Beispielprogramm „f35_bluetooth.bas". Dieses Original wurde etwas modifiziert und gekürzt, um dem Anspruch dieses „Werkes" gerecht zu werden.

Zunächst müssen die beiden zu verbindenden Geräte „gekoppelt" werden. Diese Kopplung muss ja bei jedem BT-Gerät erfolgen und wird hier nicht weiter erläutert. Angenommen die beiden Geräte haben sich schon einmal gesehen und sind „gekoppelt", so muss trotzdem noch eine konkrete Verbindung hergestellt werden. Diese kann im einfachsten Fall vom Smartphone aus initiiert werden. Der hier benutzte Windows-Rechner trägt den Namen „PC3" und soll über Hyperterminal die Daten empfangen.

Durch Ziehen der Infoleiste erreicht man etwa folgende Einstellungen. Wird nun Bluetooth aktiviert, ertönt ein Ton und es wird angezeigt, dass gekoppelte Geräte vorhanden sind.

Folgt man der Benachrichtigung, so erhält man die Liste der gekoppelten Geräte. Das bedeutet nicht, dass diese auch eingeschaltet, oder erreichbar sind. Alles was irgendwann einmal „gekoppelt"
wurde, ist hier aufgelistet. In dieser Liste ist das GT-N7000 das
Smartphone und PC3 der Computer.

Durch die Auswahl von PC3 wird die Verbindung hergestellt. Falls
sich die Geräte finden, erscheint eine entsprechende Meldung auf
dem Smartphone.

Nun sind beide Geräte verbunden. Wenn auf dem PC immer noch
das Hyperterminal-Programm unverändert bereit -, und „connec-
ted" ist, so kann auf dem Smartphone nun das rfo-Basic-Programm
ausgeführt werden. Hier das Listing:

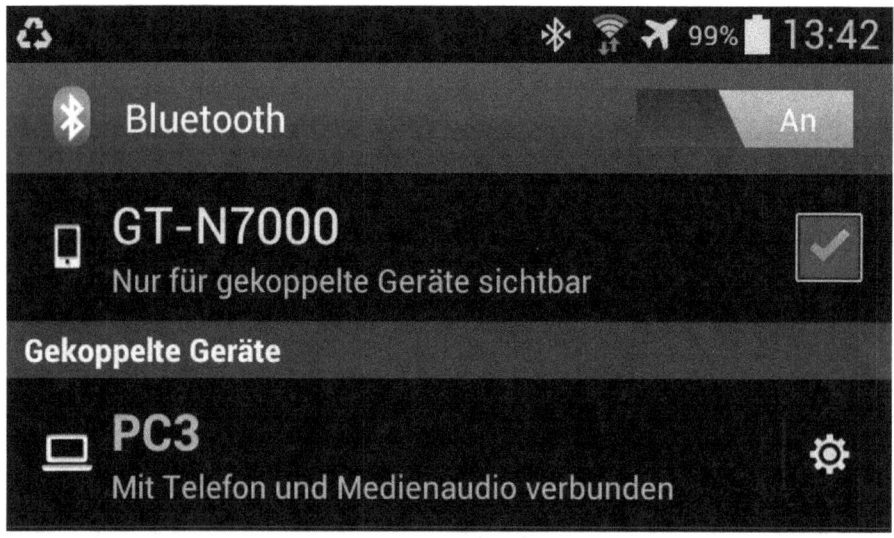

```
PRINT "Suche Gerät im Äther..."
BT.OPEN
PRINT "Warte auf Verbindung.";
BT.CONNECT
t=0
DO
 BT.STATUS s
 PAUSE 1000
 t++
 PRINT".";
 IF t>10 THEN END
UNTIL s = 3
BT.DEVICE.NAME device$
PRINT device$
BT.WRITE "Smartphone via BT"+CHR$(13)
```

```
PAUSE 10
FOR i =1 TO 20
 PRINT   STR$(i)
 BT.WRITE STR$(i)+CHR$(13)
NEXT
BT.CLOSE
END
```

Mit BT.OPEN erscheint auf dem Android-Gerät eine Auswahl der „Paired Devices", also wieder eine Liste aller jemals gekoppelten Geräte. Hier wird Gerät „PC3" ausgewählt. Anschließend erfolgt mit BT.CONNECT ein Verbindungsaufbau, wobei mit BT.STATUS der aktuelle Verbindungszustand abgefragt werden kann. Status „3" zeigt eine erfolgreichen Verbindungsaufbau an. Dieser Prozess ist also vergleichbar mit OpenCOM in anderen Programmierumgebungen. Im Listing wird etwa 10 Sekunden gewartet, bis wegen eines „Timeout" aufgegeben -, und das Programm beendet wird.

Den Gerätenamen der anderen Seite liefert BT.DEVICE.NAME, hier also „PC3" und wird mit PRINT auf dem Bildschirm ausgegeben. Die erste übertragene Information ist die Zeichenkette „Smartphone via BT". Damit im Terminalprogramm ohne Änderung der Voreinstellungen alles schön untereinander erscheint, wird ein Wagenrücklauf CR mit CHR$(13) angehängt. Die eigentlichen Daten sind in diesem Vortest lediglich fortlaufende Zahlen von 1 bis 20, die ebenfalls untereinander geschrieben erscheinen sollen. Das Ergebnis sollte wie folgt aussehen:

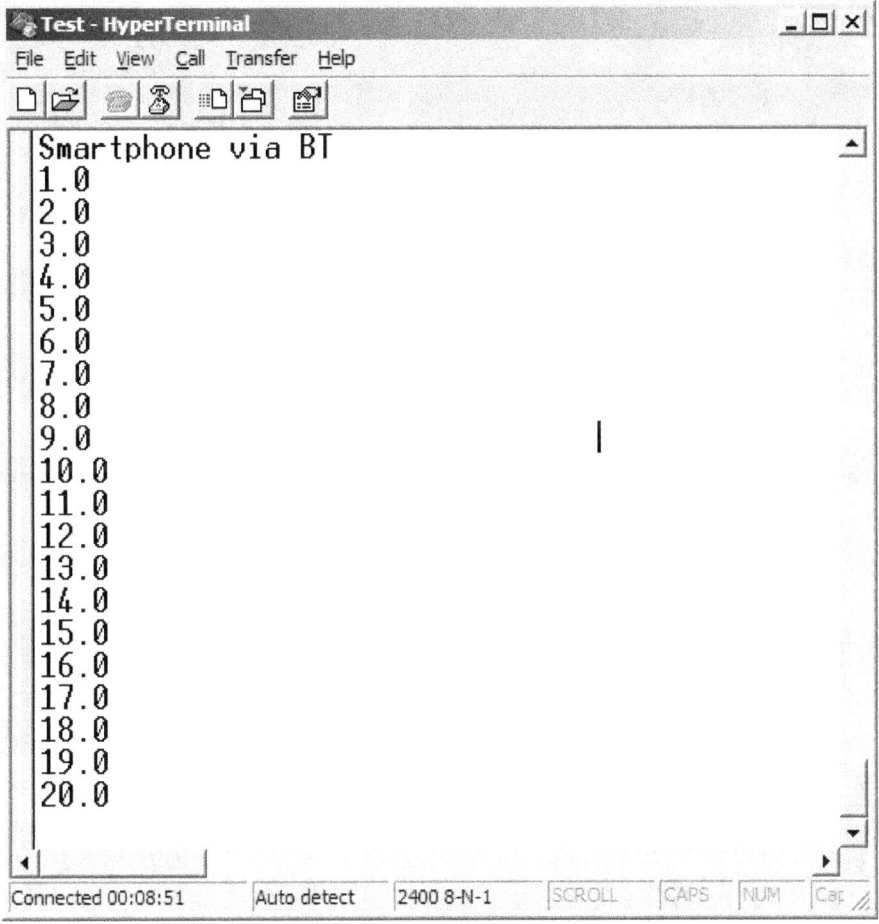

BASIC! Program Editor - bluetooth1.bas

```
PRINT "Suche Gerät im Äther..."
BT.OPEN
PRINT "Warte auf Verbindung.";
BT.CONNECT
t=0
DO
 BT.STATUS s
 PAUSE 1000
 t++
 PRINT".";
 IF t>10 THEN END
UNTIL s = 3
BT.DEVICE.NAME device$
PRINT device$
BT.WRITE "Smartphone via
BT"+CHR$(13)
PAUSE 10
FOR i =1 TO 20
 PRINT  STR$(i)
 BT.WRITE STR$(i)+CHR$(13)
NEXT
BT.CLOSE
END
```

MESSDATEN SENDEN

Nun ist es möglich auch Messdaten von Sensoren zu übertragen. Die entsprechenden Programmteile müssen nur noch kombiniert werden. Für den Helligkeitssensor mit der Nummer 5 ergibt sich folgende mögliche Lösung:

```
PRINT "Suche Gerät im Äther..."
BT.OPEN
PRINT "Warte auf Verbindung.";
BT.CONNECT
t=0
DO
 BT.STATUS s
 PAUSE 1000
 t++
 PRINT".";
 IF t>10 THEN END
UNTIL s = 3
BT.DEVICE.NAME device$
PRINT device$
BT.WRITE "Helligkeit via BT"+CHR$(13)
SENSORS.OPEN 5
FOR i =1 TO 20
 SENSORS.READ 5,a,b,c
 BT.WRITE a;" Lux"+CHR$(13)
 PAUSE 100
NEXT i
SENSORS.CLOSE
BT.CLOSE
END
```

Die Änderungen betreffen nur den unteren Teil des Listings mit den Sensordaten. Das Messintervall beträgt 100 ms. Das Ergebnis beim Empfänger ist wie erwartet.

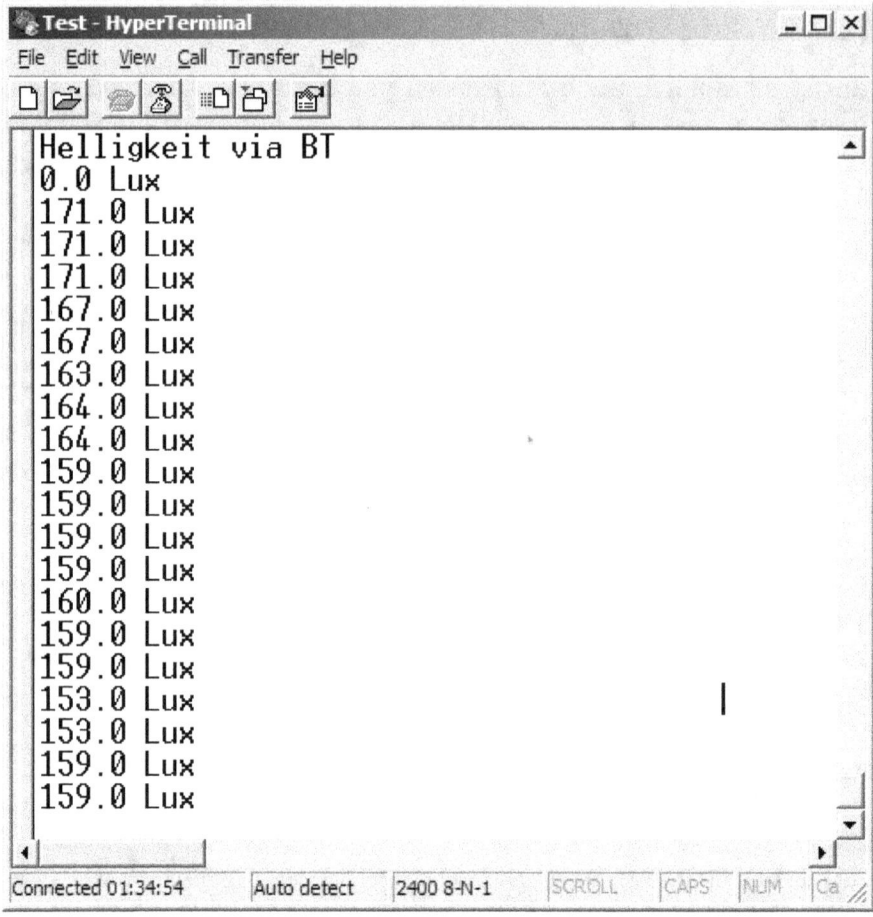

16   SMS, TELEFON UND E-MAIL

Vielleicht ist die Messwertausgabe über SMS, Telefon oder per E-Mail eher ungewöhnlich, aber ein Telefon ohne Schnur war das früher auch. Aus rfo-Basic heraus lassen sich Texte und somit auch Messwerte ohne Internetverbindung per SMS oder Telefon übertragen.

SMS SENDEN UND EMPFANGEN

Der Aufruf zum Senden gestaltet sich wieder denkbar einfach. Aufrufe für SMS-Nachrichten beginnen in rfo-Basic mit SMS. Das folgende Programm (!) sendet eine SMS mit dem Inhalt „Hallo Welt." an die Telefonnummer 0123-456789

SMS.SEND „0123456789", „Hallo Welt."

Ist das Telefon im Flugmodus, passiert nichts. Bei eingeschaltetem Telefon scheitert dieser Versuch trotzdem aufgrund der gewählten Telefonnummer. Der Telefonanbieter meldet sich entsprechend.

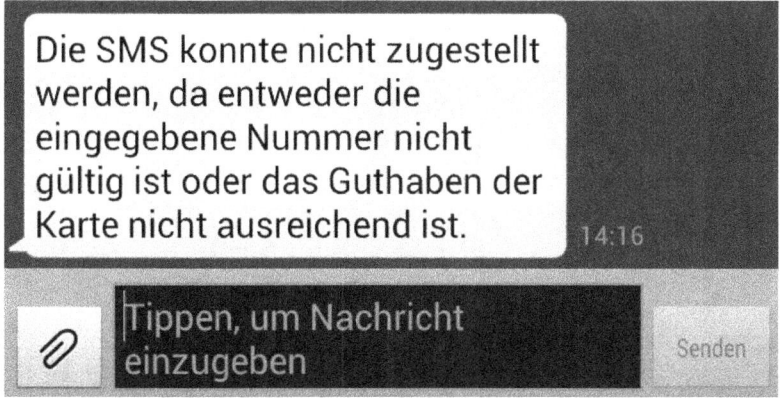

An dieser Stelle wurde nicht erneut versucht die SMS-Landschaft mit weiteren Sinnlosmeldungen zu belasten, es scheint aber ein durchaus gangbarer Weg zu sein.

Auch ist es möglich auf eine SMS zu warten, also Messdaten zu empfangen. Die Dokumentation „De_Re_BASIC!.pdf" enthält folgendes Beispiel:

```
SMS.RCV.INIT
DO
    DO
        PAUSE 5000
        SMS.RCV.NEXT m$
    UNTIL m$ <> "@"
    PRINT m$
UNTIL 0
```

Nach der Initialisierung überprüft das Programm in einer Endlosschleife alle fünf Sekunden, ob es neue Nachrichten gibt. Der „Klammeraffe" wird zurückgeliefert, wenn keine Meldungen mehr vorliegen.

MESSDATEN PER TELEFONAT

Zur entfernten Ferienhausüberwachung reicht vielleicht ein kurzes automatisches Telefonat aus, um über Vorkommnisse vor Ort zu informieren. Dazu ist kein Internetzugang erforderlich, lediglich ein Handynetz muss vorhanden sein. Falls mit der Kamera regelmäßig Bilder aufgenommen-, und deren inhaltlichen Änderungen entsprechend per Programm ausgewertet werden, könnte das Telefon im Falle ungewünschter Bewegungen im Sichtfeld der Kamera einen Anruf an den Hausbesitzer tätigen.

Der Anruf gestaltet sich in rfo-Basic einzeilig:

```
PHONE.CALL "0123456789"
```

Nach RUN wird diese Nummer gewählt und im Hörer erklingt eine Stimme, die ähnliche Informationen enthält, wie dies bei der falschen SMS-Nummer in Textform geschah. Möglicherweise unterscheiden sich da die einzelnen Telefonanbieter. Bei einem gültigen

Anschluss klingelt das angewählte Telefon und mit entsprechender eigener Sprachausgabe könnte die Situation vor Ort mittels
entsprechend vorbereiteter Texte zu Gehör gebracht werden.
Selbstverständlich funktioniert dies alles nur, wenn im Android-
Gerät eine gültige SIM-Karte steckt.

Wie bei SMS ist es auch möglich auf Anrufe zu warten, also Telefo-
nate entgegen zu nehmen. „De_Re_BASIC!.pdf" nennt dort ähnliche
Aufrufe wie bei einer SMS, allerdings funktionierte die Stringab-
frage bei ersten Versuchen in Version 01.73 nicht wie erwartet.

```
PHONE.RCV.INIT

DO
    DO
        PAUSE 5000
        PHONE.RCV.NEXT n,T$
    UNTIL n <> n=1
    PRINT T$
UNTIL 0
```

T$ lieferte null, also keine normale leere Zeichenkette. Der Status konnte mit *n* = 1 beim Klingeln bestätigt werden. Möglicherweise lag das *T$*-Problem an einer unterdrückten Rufnummer. Hier einige Angaben aus der Dokumentation.

Status:

0 Telefon im Leerlauf, Telefonnummer leer.

1 Telefon klingelt. Zeichenkette enthält die Telefonnummer.

2 Telefonat angenommen, Hörer abgenommen.

E-MAIL SENDEN

Umfangreichere Messdaten können per E-Mail auf den Weg gebracht werden. Um eine Mail zu verschicken sind drei Zeichenketten zu füllen. Die Empfängeradresse, die Betreffzeile und der eigentliche Inhalt. In rfo-Basic ist das wieder eine einzeilige Angelegenheit.

```
EMAIL.SEND "b@d.de","BasicPost","Hallo Welt."
```

Mit dieser Zeile ruft rfo-Basic das gewohnte E-Mail-Programm auf. Ohne manuellen Sendestart geht die Post hier aber nicht ab oder nicht raus, was möglicherweise an entsprechenden Sicherheitseinstellungen liegt, die hier nicht weiter untersucht werden sollen.

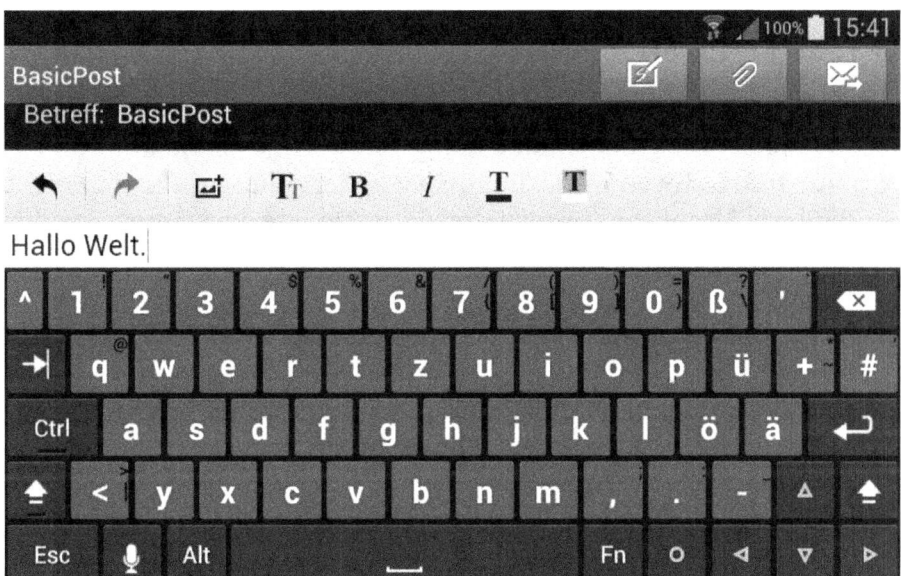

17 DOWNLOAD WEITERER BEISPIELE

Im Beispielverzeichnis findet man viele fertige Listings, die Programmierstrukturen in Basic - insbesondere diesem Basic-Dialekt - erläutern. Unter den mitgelieferten Beispielprogrammen hat der Autor Paul Laughton das sehr umfangreiche „f39_downloader.bas" beigelegt. Damit zeigt er, wie unter seinem Basic ein ftp-Server zum Download genutzt werden kann. „Ftp.laughton.com" kann zwar auch über den Browser angesteuert werden, aber diese recht umfangreiche Demo listet via Basic nicht nur die Verzeichnisse auf dem Server, man kann darin auch navigieren.

Der eigentliche Clou ist aber, dass die dortigen Beispielprogramme auch auf diesem Weg herunter geladen werden können und auch gleich im richtigen Verzeichnis landen. Damit steht einer Ausführung nichts im Wege. Startet man „f39_downloader.bas" aus dem Beispielverzeichnis wird der Server aufgerufen und dessen Verzeichnisse angezeigt. Unter „other(d)" wird die nächste Verzeichnisstruktur angezeigt, die auch Beispiele zu Sensoren enthält.

Im Verzeichnis „Clock(d)" liegt unter dem Namen „clock.bas" eine „Sprechende Uhr" von Helmut Porschen. Durch Anklicken werden alle erforderlichen Dateien an die entsprechenden Stellen herunter geladen. Das optische Erscheinungsbild ist unten dargestellt. Für Leser an Schwarz-Weiß-Geräten: Es sind knallrote Kreise, die hier die Zeit anzeigen mit blinkenden Punkten im Sekundentakt in der Mitte. Bei Berührung des Bildschirms ertönt die Uhrzeit gesprochen. Wird die Sprachausgabe nicht auf Englisch umgestellt, klingt das ganz interessant: „Te Tiehme iss nov". Wer das ändern möchte stellt die Sprache um, oder ändert im Listing die entsprechende Stelle: „The time is now „.

/

..

apks(d)

applications(d)

beta-test(d)

documentation(d)

games(d)

html(d)

other(d)

readme_BrokenLink-Error.txt

readme_Uploading.txt

tools(d)

utilities(d)

Quit!

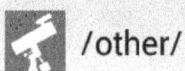 /other/

..

Accelerometer(d)

DetectPhoneMotion(d)

Fieldbook(d)

Sine(d)

Tricks(d)

VCPU(d)

clock(d)

etc(d)

moving circles.bas

other_readme.txt

Quit!

18 VERSCHIEDENES

Rfo-Basic bietet noch eine ganze Fülle an weiteren Möglichkeiten. Zum Beispiel gibt es SQL-Datenbank-Unterstützung, was für Messzwecke nicht ganz uninteressant ist. Auch die vielen grafischen Möglichkeiten wurden hier nur so weit benutzt, wie es jeweils nötig war.

INCLUDE: FLIEGENGITTER UND KREIS

Falls mal ein Fliegengitter benötigt wird, hier ein Beispiel zu GR.LINE. Außerdem wird am Ende die Bildschirmauflösung angezeigt. Auf dem GT-N7000 ergibt sich 800 1280 320, also 1280x800 Pixel und 320 dpi (dots-per-inch, oder Punkte pro Zoll). Mit GR.ANTIALIAS 1 wird alles etwas unschärfer.

```
GR.OPEN 255,0,0,0,0,1
GR.SCREEN w,h,dpi
GR.SET.ANTIALIAS 0
GR.COLOR 255,255,255,255,0
FOR y = 0 TO h-1 STEP 10
   GR.LINE 1,0,y,w-1,y
NEXT y
FOR x = 0 TO w-1 STEP 10
   GR.LINE 1,x,0,x,h-1
NEXT x
GR.RENDER
DO
   GR.TOUCH touched,x,y
UNTIL touched
GR.CLOSE
PRINT w,h,dpi
```

Soll nun noch ein Kreis mit etwas dickerem Rand eingezeichnet werden, wird das Listing schon „unübersichtlich" oder zu lang. Mit

der INCLUDE-Anweisung ist es möglich Programmteile auszula-
gern.

```
! Ausgelagertes Teilprogramm
GR.SCREEN w,h
r = 255
g = 255
b = 255
GR.COLOR 255,r,g,b,0
GR.SET.STROKE 4
GR.CIRCLE rc, w/2, h/2, w/3
```

Dieses ausgelagerte Teilprogramm ist so nicht lauffähig, da der
GR.OPEN-Befehl fehlt. Der Grafikmodus ist jedoch schon geöffnet,
wenn diese Zeilen ausgeführt werden. Die Datei „kreis.bas" befindet sich im selben Verzeichnis (Source) wie das Hauptlisting, das
nun so aussieht:

```
REM Start of BASIC! Program
GR.OPEN 255,0,0,0,0,1
GR.SCREEN w,h,dpi
GR.SET.ANTIALIAS 0
GR.COLOR 255,255,255,255,0
FOR y =0 TO h-1 STEP 10
  GR.LINE 1,0,y,w-1,y
NEXT y
FOR x=0 TO w-1 STEP 10
  GR.LINE 1,x,0,x,h-1
NEXT x
INCLUDE kreis.bas
GR.RENDER
GR.GET.PIXEL 0,0,a,r,g,b
DO
  GR.TOUCH touched,x,y
UNTIL touched
GR.CLOSE
```

RASTER FÜR DIE KAMERAANALYSE

Im Kapitel „ Messen mit der Kamera" ist am Ende ein Rasterdiagramm der Maßbandaufnahme zu sehen. Das Bildschirmraster ist dabei ausgelagert worden und in einer separaten Datei „rasterinc.bas" abgespeichert. Folgende Zeilen zeichnen ein 10 x 10 Raster:

```
REM Include Raster
GR.OPEN 255,0,128,0,0,1
GR.ORIENTATION 0
GR.SCREEN w,h,dpi
GR.COLOR 255,191,191,191,0
GR.SET.STROKE 2
FOR y =h/10 TO h-1 STEP h/10
  GR.LINE 1,0,y,w-1,y
NEXT y
FOR x=w/10 TO w-1 STEP w/10
  GR.LINE 1,x,0,x,h-1
NEXT x
GR.RENDER
```

Wird h/10 mit h/8 ersetzt, entspricht das Raster wohl eher der vertikalen Teilung an technischen Geräten. Diese ausgelagerten Zeilen werden dann im Kameraprogramm zu Beginn mit INCLUDE eingebunden.

```
INCLUDE rasterinc.bas
TONE 1000,200
GR.CAMERA.SHOOT bptr
TONE 500,200
GR.BITMAP.SIZE bptr,bw,bh
GR.COLOR 255,255,255,255,0
GR.SET.STROKE 2
f=w/bw
FOR x=0 TO bw-1
  GR.GET.BMPIXEL bptr,x,bh/2,a,r,g,b
  sw=(r+g+b)/3/255
```

```
 y=h/2-sw*h-1
 IF x=0 THEN oy=y
 GR.LINE gr,x*f,h/2+y,ox*f,h/2+oy
 ox=x
 oy=y
NEXT x
GR.RENDER
DO
 GR.TOUCH touched,x,y
UNTIL touched
GR.BITMAP.DELETE bptr
PRINT x,y
END
```

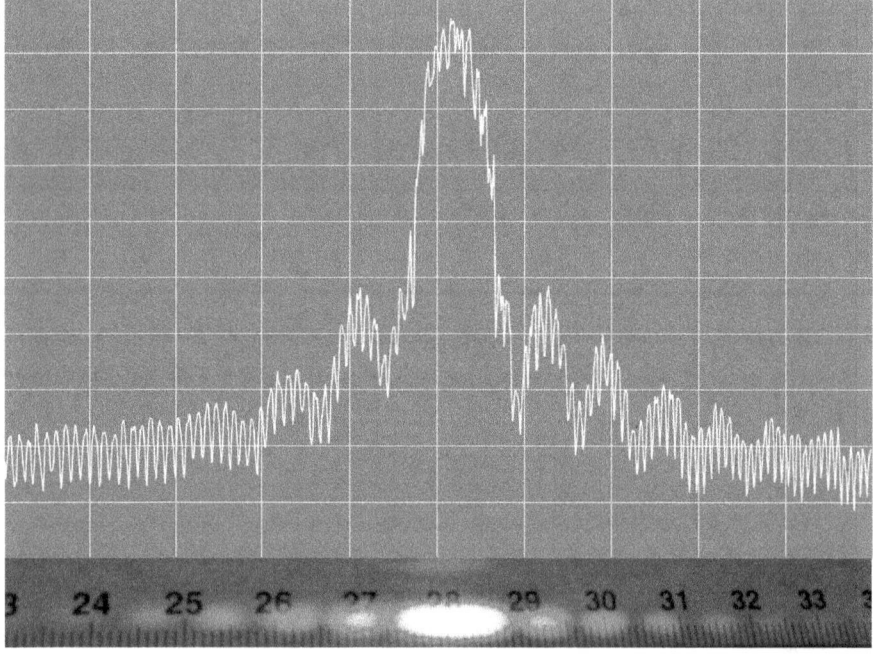

Möglicherweise kann auf diese Art der Versuch „Beugung am Spalt" auch mobil ausgewertet werden. Hier oben sind die Ergebnisse einer „Freihand-Aufnahme" zu sehen, die schon einen recht vielversprechenden Eindruck hinterlassen. Die Projektion des Musters auf das Maßband zeigt klare Zuordnungen. Mit einer zweiten Scan-Zeile, die nur das Maßband als Referenz darstellt, wäre das Beugungsbild ungestört und näher an der Lehrbuchdarstellung.

EIGENE FUNKTIONEN

Visual Basic und andere Hochsprachen unterstützen Unterprogramme in Form von Subroutinen „Sub" oder auch Prozeduren, „Procedure" genannt. Das hier benutzte rfo-Basic ruft Unterprogramme über den traditionellen Befehl „GOSUB Label" auf. Immerhin ist keine Zeilennummer notwendig. Funktionen, also die Unterprogramme, die etwas zurück liefern werden jedoch fast so unterstützt, wie in aktuellen Programmiersprachen. Mit FN.DEF wird eine rfo-Basic-Funktion eingeleitet und mit FN.END beendet. FN.RTN liefert den Rückgabewert. In rfo-Basic können laut Dokumentation innerhalb dieser Funktionen keine globalen Variablen angesprochen werden, was eine schnelle Konvertierung von Routinen aus anderen Sprachen eventuell umständlich gestalten könnte.

Ein Beispiel für eine Funktion wäre, einen Zahlenwert auf 255 zu begrenzen und zusätzlich negative Zahlenwerte in positive Werte zu wandeln. Anwendung findet diese Funktion bei der Umwandlung von Sensordaten in RGB-Werte, um die Messergebnisse als Farbänderung darzustellen. Eine solche „eigene" Funktion mit dem Namen „f" und einem Übergabeparameter „x" sieht dann wie folgt aus:

```
FN.DEF f(x)
 IF x>255 THEN x=255
 FN.RTN ABS(x)
FN.END
```

Der Erdbeschleunigung ist der kleine Buchstabe „g" zugeordnet. Das Smartphone kann mittels Sensor 9 die Erdbeschleunigung in allen drei Richtungen messen. Das folgende kleine Programm mit dem Namen „g-Punkt" zeigt drei große Punkte bzw. gefüllte RGB-

Kreise, die abhängig von Richtung und Größe die Farbintensität ändern. Liegt das Smartphone auf dem Tisch, so wirkt nur eine Komponente und der blaue Punkt zeigt höchste Intensität. Die anderen Richtungen werden jeweils mit Rot und Grün dargestellt.

```
FN.DEF f(x)
 IF X>255 THEN X=255
 FN.RTN ABS(x*25)
FN.END

GR.OPEN 255, 0,0,0
GR.SCREEN w,h
SENSORS.OPEN 9
PAUSE 200
DO
 SENSORS.READ 9,a,b,c
 GR.COLOR 127,f(a),0,0,1
 GR.CIRCLE c1,w/2-w/8,h/3,h/4
 GR.COLOR 127,0,f(b),0,1
 GR.CIRCLE c2,w/2+w/8,h/3,h/4
 GR.COLOR 127,0,0,f(c),1
 GR.CIRCLE c3,w/2,h/3*2,h/4
 GR.RENDER
 GR.TOUCH touched,x,y
UNTIL touched
END
```

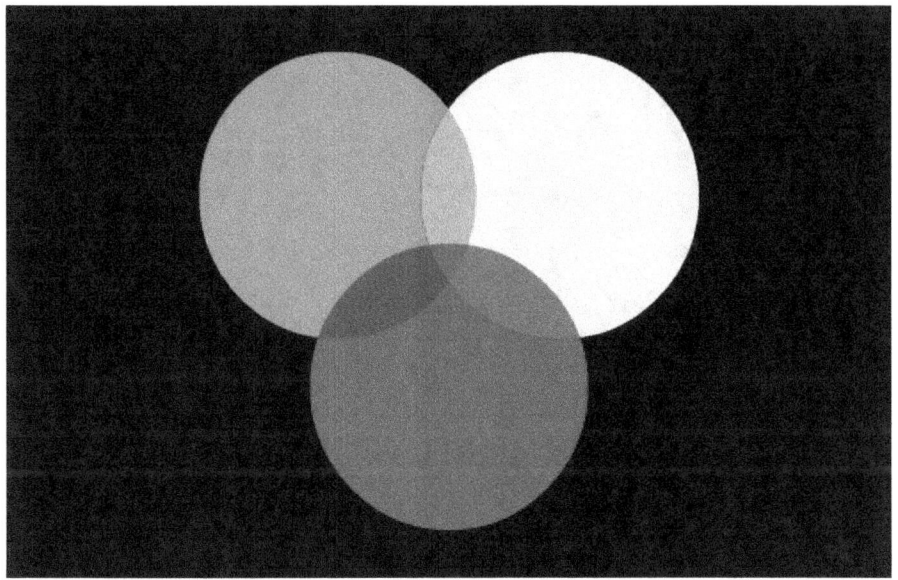

 BASIC! Program Editor - gpunkt.bas

```
FN.DEF f(x)
 IF X>255 THEN X=255
 FN.RTN ABS(x*25)
FN.END

GR.OPEN 255, 0,0,0
GR.SCREEN w,h
SENSORS.OPEN 9
PAUSE 200
DO
 SENSORS.READ 9,a,b,c
 GR.COLOR 127,f(a),0,0,1
 GR.CIRCLE c1,w/2-w/8,h/3,h/4
 GR.COLOR 127,0,f(b),0,1
 GR.CIRCLE c2,w/2+w/8,h/3,h/4
 GR.COLOR 127,0,0,f(c),1
 GR.CIRCLE c3,w/2,h/3*2,h/4
 GR.RENDER
 GR.TOUCH touched,x,y
UNTIL touched
END
```

DIAGRAMME, HTML UND JAVASCRIPT

Auf grafische Darstellungen von Messreihen mit Hilfe von rfo-Basic wurde verzichtet, da ein einigermaßen ordentliches Messdiagramm mit zwölf Zeilen kaum möglich ist. Mit der INCLUDE-Direktive können jedoch Programmteile ausgelagert – und mit FN.DEF eigene Funktionen erstellt werden. Da gibt es also noch Möglichkeiten.

Andere Wege Messdiagramme zu erzeugen ergeben sich über HTML und JavaScript. An dieser Stelle sei auf ein weiteres Beispiel vom Autor Paul Laughton verwiesen. In „f37_html_demo" wird gezeigt, wie Basic, HTML und JavaScript zusammen arbeiten können. Spracheingabe auf der Internetseite und das Einfügen des Ergebnisses über JavaScript sind dort zu finden.

Wenn alles gut zusammen spielt, wäre es denkbar auf eine Basic-Implementierung einer Diagrammdarstellung zu verzichten und gleich vorhandenen JavaScript-Routinen zu benutzen und die Daten mittels Basic lediglich zu verändern. In diesem Zusammenhang sei auf „alten" Code auf

http://www.hjberndt.de/soft/canbt93.html

verwiesen, wo der Canvas benutzt wird und die entsprechenden Routinen, rudimentär aus Pascal in JavaScript übersetzt, vorliegen.

Zumindest die unveränderte Darstellung der dortigen Diagramme mittels rfo-Basic lässt sich mit wenigen Zeilen einfach realisieren. Bei bestehender Internetverbindung wird hier ein HTML5-Diagramm angezeigt.

```
REM Start of BASIC! Program
HTML.OPEN 1
HTML.LOAD.URL
"http://hjberndt.de/soft/BTSINUS.html"
PAUSE 5000
HTML.CLOSE
```

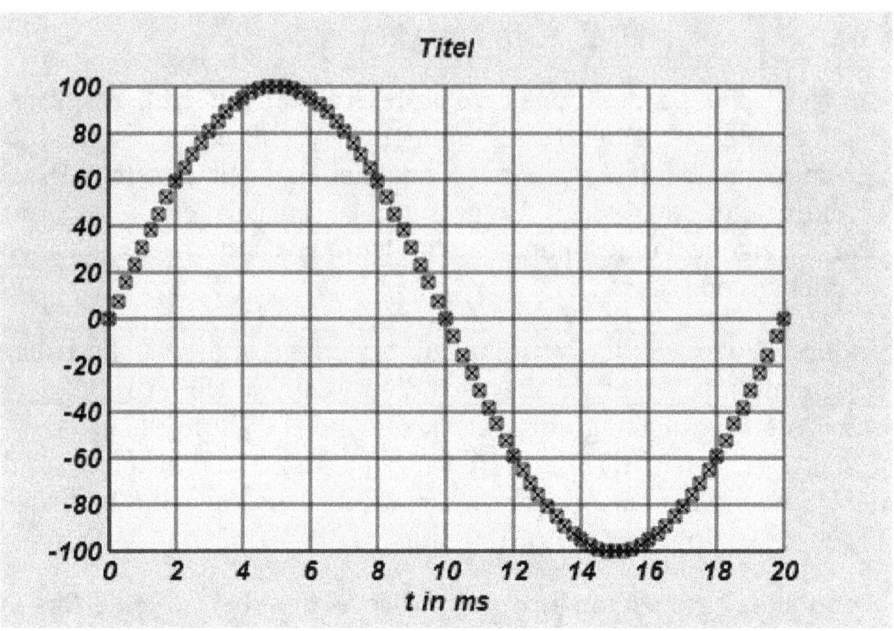

Durch Manipulation des Quelltextes mittels rfo-Basic kann eine andere Darstellung erfolgen. Mit Hilfe von GRAB.URL steht der Quelltext dieser Seite zur Verfügung:

```
<!DOCTYPE html><html><body>
Hier das Bild als Script:<br>
<canvas id="myCanvas" width="480" height="320"
>
Canvas not found :-( IE2 not supported.
</canvas>
<script src="bt93.js" ty-
pe="text/javascript"></script><script ty-
pe="text/javascript">
// BTSINUS
const f=50e-3; y0=100; Punkte=80;
var y,t;
Grafik(AN);
farbe="#c3c3c3";cls();
farbe=HELLGRAU; hintergrund();
farbe=SCHWARZ; xachse="t in ms";yachse="";
```

```
Diagramm(0,1/f,0,-y0,y0,0);
marktyp=KREUZ|KASTEN;
t=0;
while(t<=1/f)
{y=y0*Math.sin(2*Math.PI*f*t);
 DiaPunkt(t,y);
 t=t+(1/f)/Punkte;
}
</script>
</body>
</html>
```

Nun soll die doppelte Frequenz im Diagramm erscheinen.

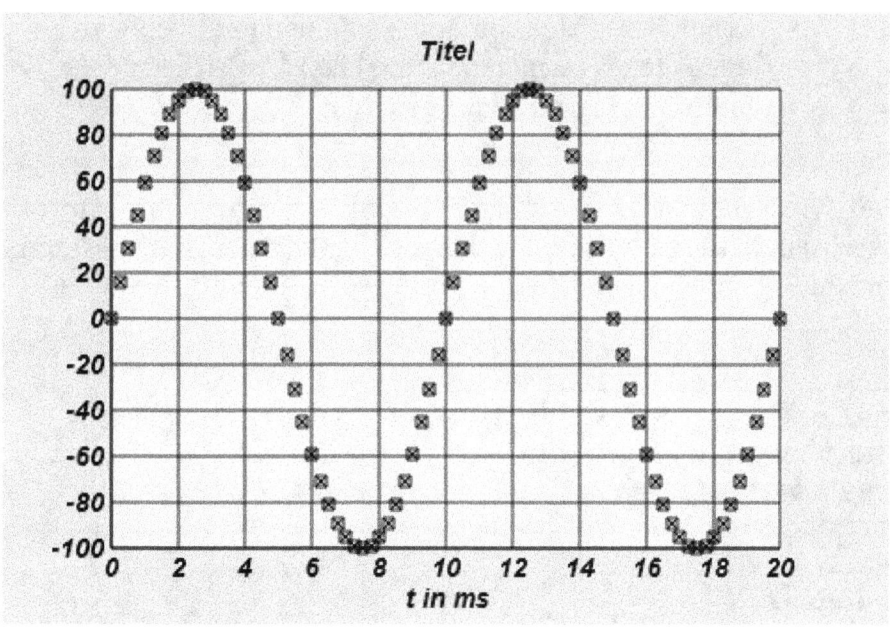

Dazu ist es notwendig in der Zeile in der die Frequenz mit der Zeit multipliziert wird „f*t" mit „2*f*t" zu ersetzen.

```
y=y0*Math.sin(2*Math.PI*f*t);
```

Mit REPLACE$ steht das entsprechende Werkzeug bereit. Die ge-
änderte Datei soll nun lokal aufrufbar sein und wird im „data"-
Verzeichnis abgelegt. Um auf die JavaScript-Routinen lokal zugrei-
fen zu können, muss auch die Datei „bt93.js" in dieses Verzeichnis
kopiert werden. Das wiederum erfordert eine weitere Änderung in
der HTML-Datei: aus

`"bt93.js"`

wird

`"file:///sdcard/rfo-basic/data/bt93.js"`.

Der gesamte Ablauf gestaltet sich also wie folgt:

* Datei „bt93.js" aus dem Internet in das „data"-
  Verzeichnis kopieren
* Originaldatei aus dem Internet laden und anzeigen
* Änderungen vornehmen und lokal abspeichern
* modifizierte Datei anzeigen

Bei Wiederholung dieses Ablaufs ergibt sich eine Animation der
wechselnden Frequenzen. Das Beispiel funktioniert nur mit Internetzugang und verursacht möglicherweise unnötigen Datenver-
kehr in dieser experimentellen Form.

```
REM Start of BASIC! Program
GRABURL a$,"http://hjberndt.de/soft/bt93.js"
TEXT.OPEN w,fp,"bt93.js"
TEXT.WRITELN fp,a$
TEXT.CLOSE fp
HTML.OPEN
nochmal:
HTML.LOAD.URL
"http://hjberndt.de/soft/BTSINUS.html"
PAUSE 1000
GRABURL
a$,"http://hjberndt.de/soft/BTSINUS.html"
```

```
a$=REPLACE$(a$,"f*t","2*f*t")
a$=REPLACE$(a$,"bt93","file:///sdcard/rfo-
basic/data/bt93")
TEXT.OPEN w,fp,"meinsinus.html"
TEXT.WRITELN fp,a$
TEXT.CLOSE fp
HTML.LOAD.URL "meinsinus.html"
PAUSE 1000
GOTO nochmal
HTML.CLOSE
END
```

Das Programm lässt sich schwer unterbrechen. Über den Home-Button und erneutem Aufruf von rfo-Basic bricht die Schleife dann doch ab.

    45% 20:03

BASIC! Program Editor - grabsinusjs.bas

```
REM Start of BASIC! Program
GRABURL a$,"http://hjberndt.de/
soft/bt93.js"
TEXT.OPEN w,fp,"bt93.js"
TEXT.WRITELN fp,a$
TEXT.CLOSE fp
HTML.OPEN
nochmal:
HTML.LOAD.URL "http://hjberndt.de/
soft/BTSINUS.html"
PAUSE 100
GRABURL a$,"http://hjberndt.de/
soft/BTSINUS.html"
a$=REPLACE$(a$,"f*t","2*f*t")
a$=REPLACE$(a$,"bt93","file:///
sdcard/rfo-basic/data/bt93")
TEXT.OPEN w,fp,"meinsinus.html"
TEXT.WRITELN fp,a$
TEXT.CLOSE fp
HTML.LOAD.URL "meinsinus.html"
PAUSE 100
GOTO nochmal
HTML.CLOSE
END
```

Hier drei weitere unveränderte Beispiele mit fester Auflösung. Die Anzeige erfolgt jeweils für 10 Sekunden.

```
REM Start of BASIC! Program
HTML.OPEN 1
HTML.LOAD.URL
"http://hjberndt.de/soft/BTSCHWING.html"
PAUSE 10000
HTML.LOAD.URL
"http://hjberndt.de/soft/BTLAUF.html"
PAUSE 10000
HTML.LOAD.URL
"http://hjberndt.de/soft/BTUHR.html"
PAUSE 10000
HTML.CLOSE
```

http://hjberndt.de/soft/BTSCHWING.html

http://hjberndt.de/soft/BTLAUF.html

http://hjberndt.de/soft/BTUHR.html

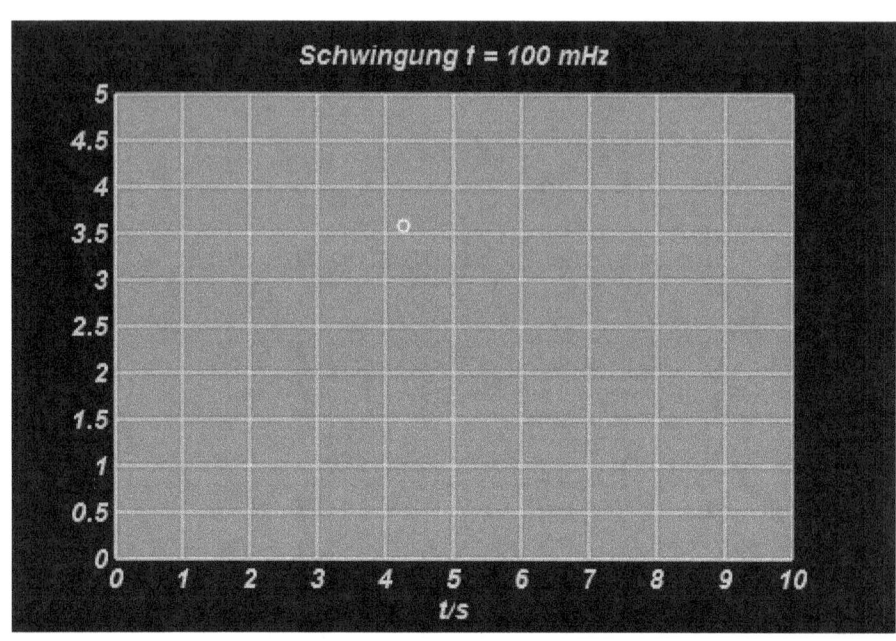

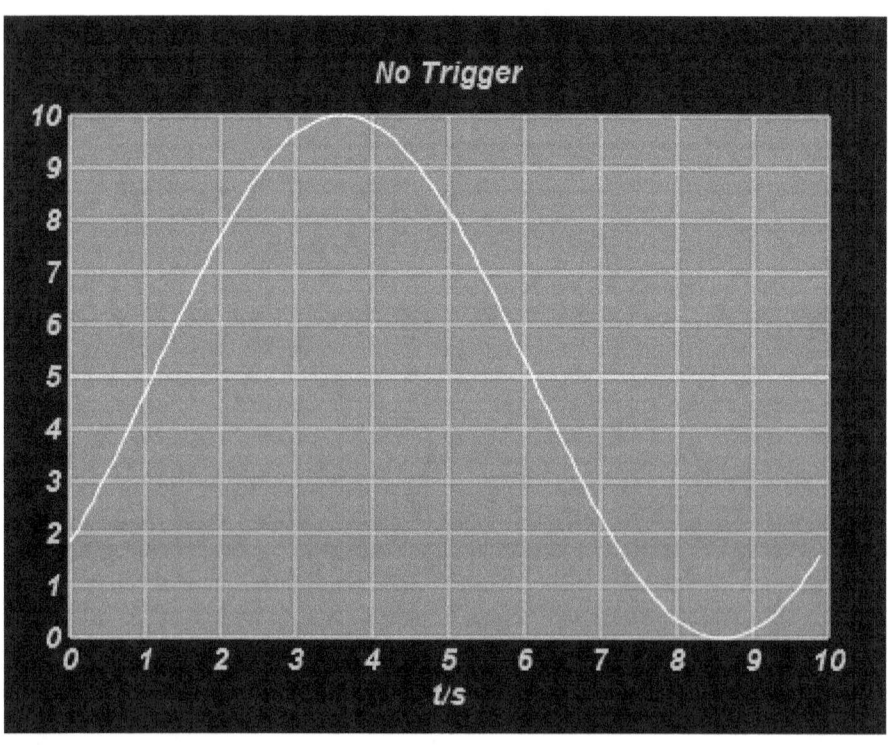

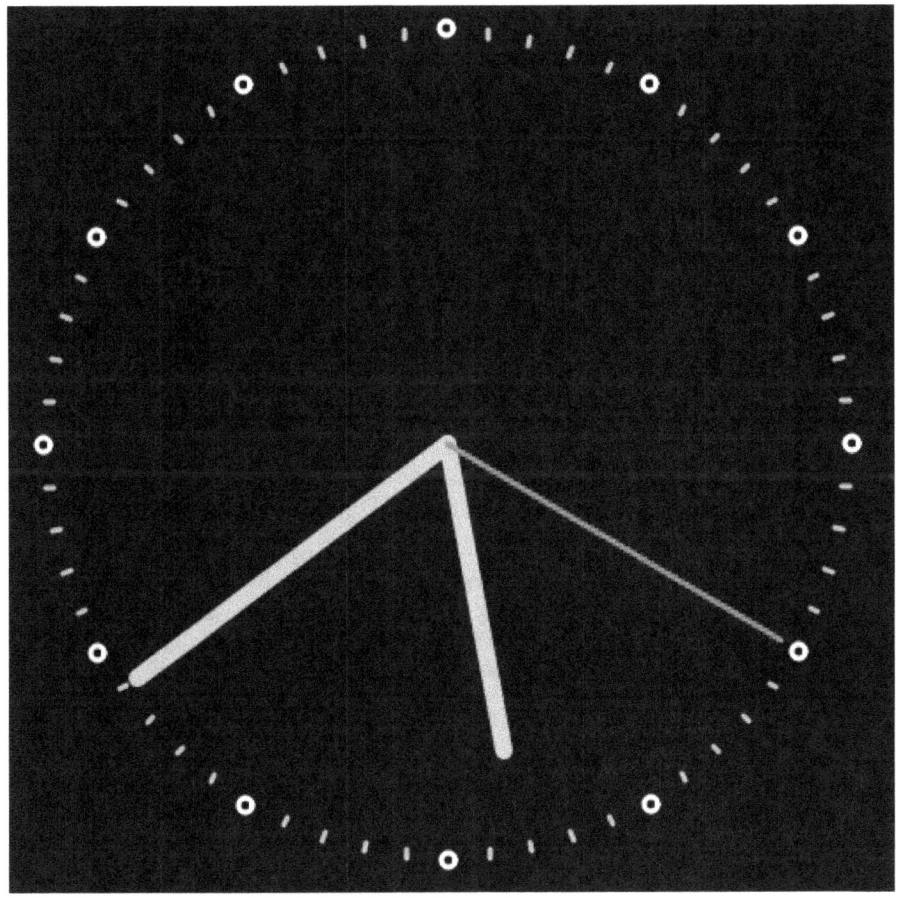

Zum Schluss nochmals eine Uhr, diesmal aus eigener Feder – und hiermit schließt das hoffentlich kurzweilige E-Book.

www.ingramcontent.com/pod-product-compliance
Lightning Source LLC
Chambersburg PA
CBHW060147200526

45165CB00023B/967